ロケットの科学
改訂版

創成期の仕組みから最新の民間技術まで、
宇宙と人類の60年史

谷合 稔

SB Creative

はじめに

　本書は2013年4月に出版されたサイエンス・アイ新書『ロケットの科学』を改訂し、大幅に加筆修正したものです。『ロケットの科学』ではロケットを生産国別に分類しましたが、今回は開発された年の古い順に並べてみました。このように並べてみると、ロケット開発国が激しく競い合う様子がよくわかります。

　また、当時と現在で大きく異なるのは、ロケット開発という膨大な費用を必要とする事業に民間企業が参加し始めていることです。インターネットで現金決済を行うサービス「PayPal」を開発したイーロン・マスク氏を筆頭に、IT事業で巨万の富を得た事業家たちが宇宙開発に強い関心を示し、これまでは国家的な事業であったロケット打ち上げや人工衛星による宇宙開発で、大きな役割を果たそうとしています。

　そのような大きな潮流の変化のなかで、これまでの世界のロケット開発の歴史を概観し、未来を展望することは有意義なことだと思います。

　ロケットの歴史は大変古いものです。歴史に初めてロケットが登場したのは、10世紀ごろであろうと思われます。

そのころ中国で火薬が発明され、爆発的な燃焼をする火薬を筒に詰め、弓矢に取りつけて使用したのです。それがロケットの始まりで、火箭（かせん）と呼ばれました。それを兵器として積極的に使用したのがモンゴルでした。12世紀に中国を征服したモンゴルは、火箭をもってユーラシア大陸を西へと版図を広げていきました。モンゴルは、13世紀に日本に攻めかけた元寇（げんこう）のときにも火箭を使用したようですが、火薬の威力に驚き、それを積極的に取り入れようとしたのは欧州の人々でした。

欧州では、兵器への火薬の使用にさまざまな工夫を凝らして大型化が図られました。また、容器を金属製にするなど、堅固化も進んでいったため、積極的に使われる兵器になりましたが、そのころのロケットには決定的な弱点がありました。ロケットの軌道を制御できないため、目標に向かって正確に飛ばすことができないのです。そのため、その飛翔音や爆発音で敵を威嚇するだけの兵器にすぎず、大砲の性能が向上して命中精度が高まると、やがてロケットは忘れられていきました。

そのロケットを、現在私たちがイメージするようなものにしたのは、ロシアの科学者コンスタンチン・ツィオルコフスキー（1857〜1935年）です。「宇宙開発の父」と呼ばれるツィオルコフスキーは、ロケットで宇宙に行けることを計算で示しました。また、多段式ロケットや人工衛星についても卓越したアイデアを提案し、それに刺激されるように、欧州やアメリカでもロケット研究が始まりました。

(写真：ESA/D.Ducros)

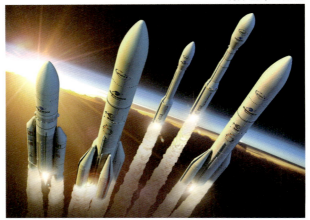

宇宙を目指すロケットたち

　なかでも積極的に活動を始めたのが「ドイツ宇宙旅行協会」でした。たんに民間のロケット愛好家の集まりでしかありませんでしたが、ロケット開発費を捻出するためドイツ軍と接触し、さまざまな便宜を受けるのと引き換えに、兵器開発に協力する道へ進んでいくことになります。その是非をめぐって協会は解散することになりますが、軍人となり積極的にロケット開発に関わっていったのが、第二次世界大戦後アメリカに渡って、ロケット開発におおいにその手腕を発揮したヴェルナー・フォン・ブラウン（1912〜1977年）です。フォン・ブラウンがドイツで開発したV2ロケットこそ、現代ロケットの礎となったロケットでした。

　その後の成果は本書をお読みいただくとして、世界の宇宙開発の現状はどうなっているのかを簡単に見ておきましょう。

現在、世界の宇宙開発の勢力図は大きく描き換えられようとしているように見受けられます。アメリカよりも早く宇宙開発に成功したロシアは、絶対的な信頼を勝ち得ていたソユーズが打ち上げに失敗するなど、最近その勢いが揺らいでいるように見えます。経済的な苦境が原因なのかもしれませんが、ロシアに代わって台頭著しいのが中国とインドです。完全に独自路線を歩む中国は、月へ人間を送り込むことさえも射程にとらえたといえるかもしれません。

　なお、本書で取り上げたロケット以外にも、宇宙へ行ったロケットがあります。中東で激しく覇を競うイスラエルとイラン両国はロケットの打ち上げに成功しています。しかし、どちらもその目的が軍事的なものであることがはっきりしているので、本書では紹介していません。

　また、北朝鮮（朝鮮民主主義人民共和国）も、ロケットの打ち上げに成功していますが、その真の目的は、核兵器と合わせてミサイル兵器として国際社会を恫喝しようとするものと考えられ、とても平和目的でのロケット開発とは思えないので対象から外しました。また、韓国もエンジン試験用ロケットを打ち上げて成功しましたが、国産化を進めている途中の段階だと見られるため、言及を避けました。

　使いようによってはきわめて危険なものとなるロケットですが、私たちの生活の向上に役立つものであってほしいと切に願うものです。

2019年1月　谷合 稔

CONTENTS

はじめに ……………………………………………………………… 2

序章 ロケットの飛ぶ仕組み …………… 9
ロケットの飛ぶ原理 ……………………………………………… 11
2種類のロケット ………………………………………………… 12
ロケットの性能を決める4つの指標 …………………………… 16
ロケットの構造と設計 …………………………………………… 18
ロケットの制御と誘導 …………………………………………… 21

第1章 戦中や戦後のロケット ………………… 23
V2 ロケット (ナチス・ドイツ・1942年) ………………………… 24
レッドストーン (アメリカ・1952年) …………………………… 26
R-7 (ソ連 (現ロシア)・1956年) …………………………………… 29
ジュノーⅠ/Ⅱ (アメリカ・1958年) ……………………………… 32
ディアマン (フランス・1965年) ………………………………… 35
ブラック・アロー (イギリス・1969年) ………………………… 37

第2章 日本の草創期 ……………………………… 39
ペンシルロケット (日本・1955年) ……………………………… 41
ベビーロケット (日本・1955年) ………………………………… 43
カッパロケット (日本・1958年) ………………………………… 45
ラムダロケット (日本・1963年) ………………………………… 49
ミューロケット (日本・1974年) ………………………………… 50
M-V (日本・1997年) ……………………………………………… 53
N-Ⅰ/Ⅱ (日本・1975年/1981年) ………………………………… 58
H-Ⅰ (日本・1986年) ……………………………………………… 59

人工衛星の主な軌道 …………………………………………… 62

第3章 成熟期のロケット ……………………… 63
アトラス (アメリカ・1959年) …………………………………… 64
タイタンⅠ/Ⅱ GLV (アメリカ・1959/1964年) ………………… 68
デルタ (アメリカ・1960年) ……………………………………… 72
モルニヤ (ソ連およびロシア・1960年) ………………………… 74
コスモス (ソ連およびロシア・1961年) ………………………… 76
タイタンⅢ (アメリカ・1964年) ………………………………… 78
プロトン (ソ連およびロシア・1965年) ………………………… 82
ソユーズ (ソ連およびロシア・1966年) ………………………… 86
N-1 (ソ連 (現ロシア)・1969年) ………………………………… 92
長征1～4号 (中国・1970年) …………………………………… 94

ロケットの科学 改訂版

創成期の仕組みから最新の民間技術まで、宇宙と人類の60年史

サイエンス・アイ新書

アリアン1〜4 (欧州・1979年)	97
SLV/ASLV (インド・1980年)	99
ゼニット (ウクライナおよびロシア・1985年)	101
タイタン23G (アメリカ・1986年)	103
エネルギア (ソ連(現ロシア)・1987年)	105
タイタンⅣ (アメリカ・1989年)	107
デルタⅡ/Ⅲ (アメリカ・1989年)	109
アトラスⅠ/Ⅱ/Ⅲ (アメリカ・1990年)	112
ロコット (ロシア・1990年)	117
PSLV/GSLV (インド・1993年/2001年)	119
H-Ⅱ/ⅡA (日本・1994年/2001年)	122
アリアン5 (欧州・1998年)	127
アトラスⅤ (アメリカ・2002年)	131
デルタⅣ (アメリカ・2002年)	133
H-ⅡB (日本・2009年)	136
ヴェガ (欧州・2012年)	139
イプシロン (日本・2013年)	141
アンタレス (アメリカ・2013年)	143
アンガラ (ロシア・2014年)	144
長征5〜7号 (中国・2015年)	146

第4章 時代をつくったロケット 149

サターンⅠ/ⅠB (アメリカ・1964年/1966年)	150
サターンⅤ (アメリカ・1967年)	154
スペースシャトル (アメリカ・1981年)	158

第5章 民間のロケット 169

ペガサス (アメリカ・1990年)	170
CAMUI (日本・2002年)	172
スペースシップワン/ツー (アメリカ・2004年)	174
ファルコン1 (アメリカ・2006年)	179
ファルコン9 (アメリカ・2010年)	180
ニューシェパード (アメリカ・2015年)	182
MOMO (日本・2017年)	183
ファルコンヘビー (アメリカ・2018年)	184
ニューグレン (アメリカ・2020年予定)	187

索引	189
参考文献/参考Webサイト	191

＊( )内の年代は初回打ち上げの年です。

著者プロフィール

谷合 稔（たにあい みのる）

1953年、東京都生まれ。慶應義塾大学法学部政治学科を卒業後、グラフィックデザインの世界に入り、エディトリアルデザイナーとして長年、雑誌の誌面づくりや本づくりに携わる。その一方で、科学系の雑誌や書籍を読みふけることをこよなく愛し続けてきた。最近ではその科学好きが高じて、科学をわかりやすく解説する本の執筆にも強い関心をもっている。著書に、『宇宙のすべてがわかる本』（渡部潤一監修、共著、ナツメ社）、『天気と気象がわかる！83の疑問』『ロケットの科学』『地球・生命─138億年の進化』（サイエンス・アイ新書）がある。

本文デザイン・アートディレクション：DADGAD design
イラスト：おくだくにとし
校正：曽根信寿、青山典裕
カバー写真：ESA/S.Corvaja

序章

ロケットの飛ぶ仕組み

どうすれば何百t（トン）もあるロケットを
宇宙へ運ぶことができるんだろう？
そのとき、何が行われているんだろう？
素朴な疑問をわかりやすく解説します。

私たちは宇宙を活用する時代に生きています。地球のまわりには放送衛星や気象観測衛星など多くの人工衛星が周回しており、それらは私たちの生活を豊かに、快適に、安全にもしてくれています。スマートフォンの位置情報などは、はるか上空のGPS衛星があってこそ機能しているものです。

　これらの人工衛星や宇宙探査機などをその活躍の場である宇宙空間へ運ぶもの、それがロケットです。かつては月に人類を運び、近い将来には火星にまで人類を運ぼうとしている現代の科学技術の進歩は、めざましいものがあります。

　地球の引力はものすごく強いので、ロケットがそれを振り切って宇宙空間に飛びだすためには、時速約2万8400km（秒速約7.9km）もの速度をださなければなりません。これは、どんなピストルやライフル銃から発射される弾丸よりも速い速度です。この速度を**第1宇宙速度**といいます。人工衛星を地球の引力が及ばないところまで送るためには、時速約4万300km（秒速約11.2km）と、さらに速い速度が必要です。これを**第2宇宙速度**といいます。そのものすごいスピードに達するために、ロケットは2段式や3段式にして、加速を続けていくのです。数百tにもなるロケットを、弾丸よりも速い速度で飛ばすのですから、ロケットエンジンのパワーは想像を絶するものなのです。

小型ロケットの必要性

　ロケットがすべて大型で、エンジンも超強力で、費用が膨大にかかる国家的な事業かといえば、実はそうでもありません。

　地球の上層大気などを観測する場合、打ち上げたロケットが、地球の引力に引き戻されて短時間で地上に戻ってきても、事足りることがあります。その際、ロケットは第1宇宙速度に達する必

要もなく、観測データは飛行中に地上で受信されます。これを**弾道飛行**といいます。

　小型ロケットなら、大型ロケットよりもはるかに安くつくることができます。打ち上げコストも大幅に安いので、小型ロケットの打ち上げに意欲を示す民間企業もあります。

　この本では、開発の草創期から現代までのロケットの歴史とこれからの展望などを記していますが、本題に入る前に、ロケットの仕組みについて、簡単に説明しておきましょう。

ロケットの飛ぶ原理

　ロケットが大気のない宇宙で飛ぶ仕組みは、風船が飛ぶ仕組みと同じです。

　風船に息を吹き込んでいっぱいにふくらませます。そして手を放すと、風船は勢いよく飛んでいき、中の空気がなくなると落下します。このとき風船を飛ばしているのは、風船から噴出する空気がつくりだす反動による力です。この力を**推力**と呼びます。推力とは、噴出する空気とは反対の方向に働く力のことです。ロケットが大空を突き抜けて空高く飛んでいくのも、この推力によっています。ただし、ロケットは風船とは違って、機体中に積み込んだ燃料を燃焼させることによって、推力を得ています。

　燃料を燃やして発生したガスを非常に高圧にし、ノズル（噴射口）から一気に噴出

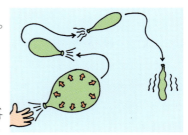

空気を吹き込んでふくらませた風船は、手を放すと中の空気を勢いよく吹きだすことによって生まれる推力で飛んでいく

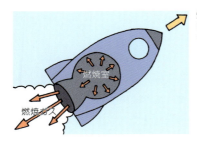

燃焼室で発生したガスをノズルの口から急速に噴出することで強い推力が得られる

させることによって強い推力を得ようというのは、ロケットにかぎらず、ジェット飛行機でも同じです。

しかし、大気中を飛ぶ飛行機は燃料を燃やすための酸素を大気から取り入れて使うことができるのに対して、酸素のない宇宙空間を飛ぶロケットは、酸素などの**酸化剤**を自分でもっていかなければなりません。そのため、ロケットにはかならず燃料と酸化剤が積み込まれています（液体燃料ロケットの場合）。

燃料と酸化剤を合わせて**推進剤**と呼びますが、地球から飛びだしていくためにロケットが必要とする推進剤の量は、総重量の90％近くにもなるほど大量なものです。重量100tのロケットを打ち上げるとき、そのロケットには90t程度の推進剤が積み込まれます。ロケットは、推進剤のかたまりといえるのです。そのためロケットは、飛行機や船のように人間や貨物を積載する広いスペースを確保するのはとても難しいのです。

2種類のロケット

経済性にすぐれる固体燃料ロケット

ロケットに大量に積み込まれる推進剤には、固体のものと液体のものがあります。固体の推進剤を用いるロケットを**固体燃料ロケット**と呼び、液体の推進剤を用いるものを**液体燃料ロケット**と呼びます。

固体燃料ロケットの特徴は経済性にあります。燃料と酸化剤を混ぜ合わせて固めた固体燃料を積めばいいので、ロケットの構造部品が少なくてすむため、設計が単純で容易になります。そのためロケットの信頼性も高くなり、打ち上げの成功率が高くなります。同じ大きさのロケットで比較すると、液体燃料ロケットよりも大きな推力をだすことができます。また、固体燃料は長期間貯蔵しておくことが可能であり、発射作業も容易なため扱いやすい推進剤です。しかし、固体燃料は一度着火すると、燃焼を止めることができないため、液体燃料ロケットと比べると、正確な制御・誘導に難しさがあります。

　また、固体燃料ロケットはロケットの大半が燃料収納容器であり燃焼室となるため、ロケットを大型化した場合に、ロケット全体を燃料燃焼時の高温・高圧に耐えるがんじょうなものにしなければならず、ロケットが重いものになってしまいます。

大型ロケットには液体燃料

　液体燃料ロケットには、液体水素などを燃料とし、液体酸素を酸化剤とする推進剤が積載されています。燃料と酸化剤を別々のタンクに詰め、燃焼室で2つを混合して燃焼させるため、燃焼力を調整して推力を加減することが容易にできるので、固体燃料ロケットと比べると細かな制御を行うことができます。また、着火と消火を繰り返すことができるので、発射前に燃焼実験を重ねることもできます。燃料の性能も高く、強力な推力が得られるため、現在、日本を含む各国が打ち上げる大型ロケットは、ほとんどが液体燃料ロケットになっています。

　もちろん液体燃料ロケットは、推進剤を供給するための構造や混合・燃焼のための機器など、ロケットの部品点数が膨大になる

2種類のロケットの違い

	固体燃料ロケット	液体燃料ロケット
推進剤	燃料と酸化剤を混ぜ合わせて固めた固体燃料。長期間貯蔵しておくことが可能で、扱いやすい	液体水素などの燃料、液体酸素などの酸化剤。燃料は長期の保存が困難なため、発射のたびにつくられるが、その温度管理（液体水素の場合マイナス250℃）にも細心の注意が必要
燃焼方法	燃料に点火して燃焼させる	燃料と酸化剤を別々のタンクに詰め、燃焼室で混合して燃焼させる
設計や構造	ロケットの大半が燃料収納容器であり燃焼室。設計が単純で容易なので、打ち上げの成功率が高い	推進剤を供給するための構造や混合・燃焼のための機器など、ロケットの部品点数が膨大になり、構造が複雑
制御のしやすさ	一度着火すると、燃焼を止められないため、液体燃料ロケットと比べて正確な制御・誘導が難しい	燃焼力を調整して推力を加減しやすく、細かな制御ができる。着火と消火を繰り返すことができ、発射前に燃焼実験を重ねることも可能
大型化した場合	ロケット全体を燃料燃焼時の高温・高圧に耐えるがんじょうなものにしなければならず、ロケットが重くなる	ロケット内の推進剤の容器をがんじょうなものにすればよいため、単位体積当たりの重量は軽くすることが可能

ため、その構造が複雑になります。そのため、開発期間の長期化や膨大な開発・製作費、機器の品質管理に細心の注意が要求されるなどやっかいな点もあります。

　また、液体燃料は長期の保存が困難なため、発射のたびに新たにつくられますが、その温度管理（液体水素の場合マイナス250℃）にも細心の注意を払わなければなりません。

　固体燃料ロケットが重いロケットになってしまうのに対して、液体燃料ロケットは、単位体積当たりの重量は軽くすることができます。それは、液体燃料ロケットではロケット内の推進剤の容器をがんじょうなものにすれば、ロケット本体は固体燃料ロケットほどのがんじょうさを要求されないからです。液体燃料ロケットの外板は、打ち上げの衝撃に耐えるぎりぎりの厚さになっています。

2種類ある液体燃料ロケット

　液体燃料ロケットは、燃料供給方式の違いによって**加圧式**とポ

2種類ある液体燃料の供給方法

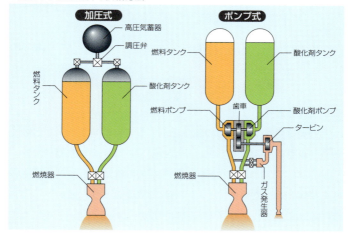

ンプ式の2つに分かれます。

　加圧式は、液体燃料と酸化剤からなる推進剤のタンクとは別にもう1つガスタンク（上記の高圧気蓄器）を積むもので、このタンク内のガスに高い圧力をかけて推進剤のタンクに送り、その圧力で推進剤を燃焼器に送りだすものです。

　加圧式は、それぞれの推進剤タンクを高圧なガスの圧力に耐えるがんじょうなものにしなければならないため、ロケットが重くなってしまい、大型のロケットには不向きな方式です。

　それに対しポンプ式は、それぞれの推進剤から燃焼器へ延びるパイプにポンプを取りつけて、推進剤を供給しようという方式です。ポンプ式でも推進剤に圧力を加えなければ、スムーズな加給はできませんが、加圧式よりはるかに弱い圧力ですむので、推進剤タンクを比較的軽くすることができ、ロケットを重くせずにすみます。

　そのため、現在、大型ロケットではポンプ式が使われています

が、ポンプ式はエンジンの構造が複雑になるため、高い技術力が要求されます。

ロケットの性能を決める4つの指標

もち上げる力を示す推力

　推力とはロケットの力の強さを示すもので、ロケットがどのくらいの重さのものをもち上げることができるかを示す指標です。

　推力は、1秒間に噴射される燃焼ガスの量と燃焼ガスの噴射速度を掛け合わせたもので、トン（t）で表されます。ということは、噴射される燃焼ガスが多く、噴射速度が速いほど強いことになります。もちろん、ロケット自体の重量を軽くすることも、推力を大きくするための重要な要素です。

　たとえば100tのロケットを打ち上げるとき、そのロケットの推力が100tであったなら、ロケットは飛び上がることができません。推力は常にロケットの重量を超えたものでなければならないのですが、ロケットをより速く飛ばすためには、燃焼ガスの噴射速度と質量比の関係が非常に重要です。

軽さの指標である質量比

　ロケットをより速く飛ばすために重要な、ロケットの軽さのぐあいを示す指標となるのが質量比です。

　質量比は打ち上げ前の推進剤を満載した状態のロケットの質量を、推進剤を抜いた状態のロケットの質量で割ったものです。

　質量比は、その数値が大きいほどロケットに積まれている推進剤が多いことになり、速度がより速くなります。現在使用されているロケットの質量比は通常、6～20くらいです。

推進剤の重量割合を示す燃料比

ロケットに積まれた推進剤の割合を示すのが燃料比です。飛行機や船、自動車などが50%にも満たないのに比べて、ロケットでは90%ほどにもなります。推進剤はロケット全重量のほとんどを占めているのです。人工衛星を無重力空間に運ぶためには、膨大な量の推進剤が必要ですが、それは地球の引力に打ち勝つことの難しさを示してもいるのです。

ロケットを打ち上げるときには、この地球の引力に逆らうことによる速度損失や、ロケットが受ける空気抵抗などを考慮しなければなりません。地球から脱出するために失う速度損失は、ロケットの最終到達速度の20%にもなるため、燃料比や比推力（下記）はこの速度損失を見込んで設計されなければならないのです。

推進剤の性能を示す比推力

比推力は推進剤の能力を測る重要な指標です。それは推力を1秒間に消費される推進剤の質量で割った値で、秒で示されます。比推力は、その数値が大きいほど推進剤の性能が高いことを示しており、燃焼後のガスの噴射速度が速いことをも意味しています。

固体燃料ロケットの比推力は250秒程度で、液体燃料ロケットの比推力は300秒程度ですが、液体酸素と液体水素を組み合わせた液体燃料の比推力は400秒程度になり、現在のところもっとも強力な推進剤です。

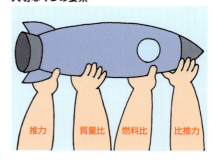

大切な4つの要素

推力　質量比　燃料比　比推力

ロケットの構造と設計

徹底的な軽量化の追求

ロケットの性能は、どれだけ重いものをどれだけ遠くへ速く正確に届けることができるかによって判定されます。

人工衛星（ペイロードと呼ばれる）は、ロケット先端のフェアリング部に格納されますが、そこに積むことのできる重量が重ければ重いほどすぐれたロケットだともいえます。

ペイロードを重くするには、先に解説した4つの指標（推力、質量比、燃料比、比推力）をそれぞれ大きくすることが大切です。そのために重視されるのが、ロケットを**軽量化**することです。

ロケットを、がんじょうでありながらできるだけ軽くつくるのに用いられる素材とは、アルミニウム合金やチタン合金、ニッケル合金、繊維強化プラスチックなどで、これは人工衛星の素材と

H-ⅡAロケットの打ち上げ例

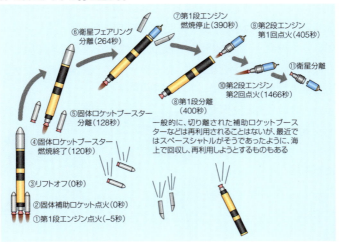

一般的に、切り離された補助ロケットブースターなどは再利用されることはないが、最近ではスペースシャトルがそうであったように、海上で回収し、再利用しようとするものもある

基本的には同じものです。

しかし、ロケットが人工衛星と条件的に大きく異なるのは、ロケットのエンジン部にはおよそ3000℃の高温になる部位と、マイナス250℃程度（液体水素の温度）の極低温部位が隣り合って置かれている点です。これをうまく管理するとともに、燃焼時の激しい振動にも耐えるものにするために、よりいっそう精密な加工技術が要求されます。

ロケットを軽くするためには、必然的にさまざまな機器を構成する金属の肉厚を薄くすることも追求されます。たとえばH-ⅡAロケット（→p.122）の場合、推進剤のタンクであれエンジンであれ、その材質の厚さとロケットの直径との比率は、清涼飲料水のアルミ容器の比率よりも薄くつくられています。

軽量化を求めて生まれた多段式ロケット

軽量化には、ロケットを**多段式**にすることも重要です。多段式ロケットとは、各段に推進剤を積み込み、燃焼し終わった段を切り離して、次の段の推進剤を燃焼させるということを繰り返していくものです。使い終わった段を捨てていくことによって質量比が向上するため、ロケットの運用をより効率的ですぐれたものにすることができます。

しかし、各段ごとに燃焼システムをつくることは、ロケットのシステムを複雑なものにしてしまいます。そして、それはロケットの打ち上げの信頼性を低下させかねないので、通常は2段式か3段式のロケットにするのが一般的です。

たとえば、人類を月へ送ったサターンロケット（→p.150）は3段式ロケットでしたが、日本のH-ⅡAロケットは2段式を採用しています。

ロケットを束ねるクラスターロケット

　ロケットの推力を強力なものにするためには、エンジンを大型化することが考えられます。しかし、大型エンジンの開発は、小型エンジンの開発に比べると、その費用や時間が大幅に増えることもさることながら、技術的にも非常に難しいものなのです。そこで考えられたのが、小型エンジンをいくつか束にして推力を大きくしようというものです。実績のある、能力の安定した小型エンジンを複数組み合わせて、強力なロケットにするのですが、その代表的なものがロシアのソユーズ（→p.86）です。

　このようなロケットを**クラスターロケット**と呼びます。1段目にロケットが束ねられるため、その形状は末広がりに太くなるのが特徴です。ちなみにロシアでは、クラスター化されたロケットを2段と呼んでいますが、通常の2段とは異なるため、アメリカや欧州では1.5段方式と呼ばれます。

　クラスターロケットは、開発費を比較的安く、また開発期間を短くできるなどの経済的な効果ばかりでなく、エンジンが複数あるため、もし1基が故障しても飛行できるという特徴があります。

　また、複数のエンジンに対して、推進剤のタンクを共通にすることによりロケットの軽量化を図れるという利点もあります。

固体燃料の補助ロケットブースター

　日本のH-ⅡAロケットや、引退してしまいましたがスペースシャトルなどの大型ロケットの多くは、1段目に固体燃料補助ロケットブースターを加えて推力を補強します。

　これはクラスターロケットによく似ていますが、クラスターロケットが液体燃料ロケットを束ねて本体から燃料が供給される方式なのに対して、補助ロケットは固体燃料ロケットなので、ロケ

ット内の燃料だけを燃焼させます。そのため、燃焼終了と同時に本体から切り離されます。場合によっては回収・再利用されることもあります。

ロケットの制御と誘導

ロケットの制御法

ロケットの姿勢や飛行方向を変えることを制御といいます。制御の方法には、**空気翼法**や**噴流翼法**、**2次噴射法**、**副エンジン法**や**ガスジェット法**、**首振りエンジン法**などがあります。

空気翼法と噴流翼法は、ロケット開発初期に考えられた方法で、現在はどちらも使われていません。

2次噴射法は、ロケットのノズルに気体や液体を吹き込んで、噴射ガスの方向を変えようとするもので、固体燃料ロケットに使われる方法です。

副エンジン法とガスジェット法は、ノズルのまわりに制御用の小型エンジンまたはガスジェットを複数装着し、それを噴射することによって制御しようとするものです。

首振りエンジン法は、ロケットのエンジンその

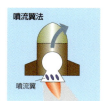

ものやノズル全体を動かすことによって制御しようとする方法です。これは、現在、多くのロケットで使われている制御法です。

ロケットの誘導法

制御と並んで欠かせないのが誘導です。ロケットを誘導する方法には、**プログラム誘導方式、電波誘導方式、慣性誘導方式**の3種類がありますが、もっとも一般的に使われている方法が慣性誘導方式です。この方式で飛行することを**慣性航法**と呼びます。

これは慣性センサーと呼ばれるジャイロと加速度計をロケットに積み込んで、プログラムされた軌道と自分の位置とのずれを自分で判断し、修正するようにコンピューターで制御しようというものです。必要な機器をロケットに積み込んでしまうため、地上との連絡をほとんど必要としません。そのため、システムが単純で運用が容易です。また、電波誘導方式のように誘導ができない領域もなくなるため、誘導精度が向上します。

しかし、ロケットに積み込んだ慣性センサーにトラブルが発生すると、打ち上げに失敗してしまう危険性があるので、ジャイロや加速度計などの機器の開発には最高度の技術が要求されます。

慣性誘導方式は、慣性センサーが同じ姿勢を保つようにした**プラットフォーム方式**とロケットに固定した**ストラップダウン方式**に分けられます。後者には複雑な計算が必要ですが、慣性センサーを小型・軽量化できて消費電力が少ないため、現在では多く採用されています。

第1章

戦中や戦後のロケット

ロケットはあの悪名高いナチス・ドイツが
初めに兵器として開発しました。
第二次世界大戦後、アメリカと旧ソ連は、
そのロケットを発展させていきます。

ロケットを、長い棒に火薬を装着して遠くへ飛ばす武器として考えるならば、ロケットの歴史は古く、10世紀ごろの中国で発明されました。しかし、地球を脱出するための装置として考える場合には、ロケットの創始者としてロシアの**コンスタンチン・ツィオルコフスキー**（1857～1935年）を挙げなければなりません。ツィオルコフスキーは「宇宙旅行の父」と呼ばれた科学者です。

　ツィオルコフスキーはロケットに巨大な推進力を与えるために、液体ロケットを考案しました。その液体ロケットを実際につくって飛ばしたのが、アメリカの発明家**ロバート・ゴダード**（1882～1945年）です。しかし周囲はその価値や可能性を理解できず、やがて忘れられてしまいました。

　ロケットの有効性に着目したのが、第二次世界大戦でイギリスやアメリカ、ソ連（現ロシア）と戦争中であったナチス・ドイツでした。

　ドイツでは第二次世界大戦より前から、**ドイツ宇宙旅行協会**という、ロケット好きの民間人の任意団体によってロケット研究が盛んに行われていました。1929年ごろからは、ロケットの燃料を液体にすることでその飛距離を飛躍的に伸ばそうとする研究が始められました。もちろん、宇宙旅行協会の会員たちの目的は、ロケットを宇宙へ送ろうという、純粋に科学的な探究心からのものでしたが、それに関心を示したのがドイツ陸軍でした。

V2ロケット（ナチス・ドイツ・1942年）

　当時のドイツは第一次世界大戦の敗戦により、大型兵器の開発を禁止されていました。そこで、宇宙旅行協会の研究するロケットに兵器としての可能性を見いだしたのです。陸軍は宇宙旅

第1章 戦中や戦後のロケット

(写真：NASA)

第二次世界大戦後、連合軍に接収され、台車に載せられて牽引されていくV2ロケット

行協会の中心的な研究者であった**ヴェルナー・フォン・ブラウン**（1912～1977年）らに研究費を提供する見返りに、陸軍の研究員となるように説得しました。これに応じたフォン・ブラウンらは1934年12月、重量500kgの小型液体燃料ロケットA2の飛行実験に成功し、その後、着々とロケットの大型化に挑んだ結果、1936年には高度80km、飛距離175kmで1tの爆薬を搭載できるA4ロケットの開発を目標に定めました。

フォン・ブラウンを中心と

V2ロケットの1段目に、アメリカが独自に開発した2段目を搭載して発射された実験

V2ロケット基本性能	
全　　　長	14m
打上時重量	12.5t
段　　　数	1
燃焼方式	エタノールと水の混合燃料
積載可能重量	1t
打上衛星	―

する開発チームは、潤沢な資金と広い実験場を与えられてロケットの開発を進めた結果、1942年10月、A4ロケットの打ち上げに成功し、飛距離192kmを達成しました。これにより長距離攻撃兵器を手にしたドイツは、A4ロケットを車上から発射可能なように改良し、**V2ロケット**が完成しました。

弾頭に1tの爆薬を搭載するV2ロケットは、欧州本土からイギリスの首都ロンドンを直接爆撃することができるため、ロンドン市民を恐怖に陥れましたが、戦争の大勢をくつがえすことはできませんでした。

第二次世界大戦でのナチス・ドイツの敗北が近づくと、アメリカとソ連（現ロシア）はV2ロケットやその開発者、関連部品などのぶんどり合戦を繰り広げ、そこから得たものが戦後両国の宇宙開発の礎となっていきました。

第二次世界大戦の終結は、世界に平和をもたらしたものの、東西対立という新たな火種もつくりました。西側を代表するアメリカと東側を代表するソ連の対立です。そのため両国は、自らの覇権を強固なものにするために、ドイツから獲得したV2ロケットやその開発者によって、ロケット（＝ミサイル）開発競争を繰り広げることとなりました。

レッドストーン （アメリカ・1952年）

アメリカは、V2ロケット本体やフォン・ブラウンをはじめとするV2ロケット開発者を大量にアメリカ本国へ迎え入れ、独自のロケット（弾道ミサイル）開発を本格的にスタートさせました。その結果、1950年にアメリカ陸軍はフォン・ブラウンチームの

第1章 戦中や戦後のロケット

(写真:NASA)

1958年5月、フロリダ州のケープ・カナベラル空軍基地から初めて打ち上げられるレッドストーンロケット

主導により、弾道ミサイル・**レッドストーン**の開発に着手し、1952年にその生産を開始しました。

V2ロケットの技術をもとにして開発されたレッドストーンは、全

レッドストーン基本性能	
全　　長	21m
打上時重量	28t
段　　数	1
燃焼方式	液体燃料
積載可能重量	2860kg
打上衛星	—

長21m、直径1.8m、打ち上げ時の重量28tという液体燃料ロケット（ミサイル）で、到達高度は約46〜95km、飛行距離は約90〜320kmを記録しました。これは短距離弾道ミサイルとして十分な性能を発揮したものでした。短距離弾道ミサイルとしての有効性が確認されたレッドストーンは、さっそくその弾頭に原子爆弾を搭載して核実験に利用されました。

　レッドストーンからはいくつかのロケットが派生的に開発されました。レッドストーンを多段式に変更してつくられたのが**ジュピターC**です。ジュピターCは、大気圏外にでたミサイルが反転して大気圏に再突入するときの、最適な弾頭形状を研究するために開発されたロケットです。ジュピターCをさらに改良してつくられたのが、**ジュノーⅠ**（→p.32）です。

　レッドストーンの開発成功によって、ミサイルや宇宙開発で優位に立ったと自信を深めていたアメリカや西側諸国を震撼させる出来事が起こりました。ソ連（現ロシア）が1957年10月、人工衛星（スプートニク1号）の打ち上げに世界で初めて成功したのです。第二次世界大戦後、ソ連は密かにロケット開発を進め、非常に大きな成果を上げていたことを見せつけられたアメリカは、大慌てで人工衛星の開発に取り組みますが、打ち上げ失敗などもあって、その威信はさらに傷つくことになってしまいました。

　ソ連は、アメリカとの宇宙開発競争で、特にその初期段階では大きな優位性を示しました。スプートニク1号の打ち上げや、1961年4月のボストーク1号によるガガーリンの史上初の宇宙飛行、1963年6月のボストーク6号でのテレシコワによる女性として史上初となる宇宙飛行など、世界の注目を集めるはなばなしい成果を次々と上げていきました。

R-7（ソ連（現ロシア）・1956年）

　ソ連の宇宙開発を支えたロケットが**R-7**であり、それを開発したのが天才**セルゲイ・コロリョフ**（1907～1966年）です。コロリョフはアメリカのフォン・ブラウンと並び称されるロケット開発者でしたが、ソ連は長くその存在を秘密としたため、生前にはその名前が公表されることはありませんでした。

　第二次世界大戦でナチス・ドイツのV2ロケットの威力を知ったソ連とアメリカは戦後、ともにミサイル兵器の開発を急ぎ、V2ロケットの技術者を自国に大量に招き、資料・資材をもち込みました。彼らがもたらした技術をもとにミサイル開発を進めましたが、アメリカが早い段階からロケットを大型化することによって飛距離を伸ばそうとしたのに対して、ソ連は無理をせず、V2ロケットを改良することからスタートしました。そして開発された比較的小さなロケットを複数束ねて使用する**クラスター化**という方法にたどり着きます。

　こうして生まれた大陸間弾道ミサイルR-7でしたが、液体燃料の搭載に非常に時間を要しました。

スプートニク基本性能	
全　　　長	29.2m
打上時重量	267t
段　　　数	2
燃焼方式	液体燃料
積載可能重量	低軌道：0.5t
打上衛星	スプートニク1～3号

ボストーク基本性能	
全　　　長	38.4m
打上時重量	280t
段　　　数	3
燃焼方式	液体燃料
積載可能重量	低軌道：4.7t
打上衛星	ボストーク1～6号 ルナ1～3号

ボスホート基本性能	
全　　　長	44.4m
打上時重量	298t
段　　　数	3
燃焼方式	液体燃料
積載可能重量	低軌道：5.9t
打上衛星	ゼニット4号 ボスホート宇宙船

(写真:Alex Zelenko)

ロシアの首都モスクワにあるロシアエキシビジョンセンターに実物展示されているR-7ロケット

さまざまなR-7ロケット

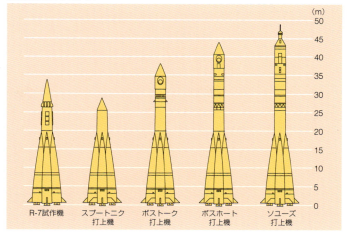

また、広い射場も必要とされるなど、兵器としてはあまり使い勝手のいいものではありませんでした。しかし、その弾頭に積まれた兵器を人工衛星に置き換えて打ち上げたところ、すぐれた性能を発揮します。まずスプートニク1号の打ち上げに成功し、その翌月にはイヌを乗せたスプートニク2号の打ち上げにも成功しました。

R-7という信頼性の高いロケットの開発に成功したことで、ソ連は宇宙開発を実りの多いものにしました。

R-7は、RD-108というメインエンジンの周囲を、4基のRD-107というエンジンが取り囲むようにクラスター化されて配置されています。これはアメリカや欧州などでは1.5段方式とされますが、ロシアでは2段方式とされています。この安定した2段に改良を加えたうえに、さまざまな3段目を載せることで、たくさんの派生ロケットが誕生しています。

スペースシャトル（→p.158）の退役後、国際宇宙ステーション

(ISS)に宇宙飛行士を送る任務もこなすなど、世界のロケットのなかでもっとも長期にわたって使用されている**ソユーズ**（→p.86）も、R-7を発展させたロケットです。

　ロケット開発に取り組むアメリカの姿勢は、当初、世界の軍事的なバランスのなかで優位な地位を獲得することを目的とするものでした。特にソ連に対する軍事的な優位性を確かなものにするために、大陸間弾道ミサイルの開発を熱心に進め、その結果、1950年代には十分な優位を確保していると自信を深めていたはずです。そのため、このころフォン・ブラウンは大型ミサイルに人工衛星を載せて打ち上げることを提案していましたが、軍の上層部はあまり関心を示しませんでした。しかし、ソ連がスプートニク1号の打ち上げに成功すると状況は一変し、それによって国家の威信が傷つけられたと考えたアメリカは、即座にフォン・ブラウンに人工衛星の打ち上げを命令しました。

ジュノーⅠ/Ⅱ （アメリカ・1958年）

　フォン・ブラウンは、かねてからジュピターCによる人工衛星の打ち上げを模索していたため、さっそく3段式のジュピターCに4段目を加える方式で新たなロケットを開発しました。それが**ジュノーⅠ**です。

　4段目は1基の小型固体燃料ロケットに人工衛星を取りつけてあり、ジュピターCの3段目をカバーするノーズコーンの中に収まってしまうため、全長は変わりませんでした。

　ソ連（現ロシア）に遅れること3カ月の1958年1月、ジュノーⅠによって初の人工衛星（エクスプローラー1号）の打ち上げにアメリ

カは成功します。ただ、このころはまだロケットを正確な軌道へ導く誘導装置がなかったため、その後、1958年中に5回打ち上げが行われましたが、成功は2回だけでした。

より強力な1段目ロケットを組み合わせたジュノーⅡ

ジュノーⅠをより強力なロケットにするために、フォン・ブラウンが行ったのが、1段目のロケットを交換することでした。

当時、フォン・ブラウンらの設計チームは、レッドストーンの後継ミサイルとして、より航続距離の長い**ジュピター**（PGM-19）という中距離弾道ミサイルの開発に成功していました。そこで、ジュノーⅠの1段目をジュピターに交換して開発されたのが**ジュノーⅡ**です。

ジュピターはアメリカ陸軍との共同開発によるものですが、当初は海軍の艦船、特に潜水艦に搭載することも念頭に置いて設計されたため、全長に対して太さが際立つズングリとしたスタイルをしています。結局海軍はジュピターを採用しませんでしたが、そのスタイルはそのままにされました。そのため、ジュノーⅠでは1.78mであった1段目の直径は2.67mとなり、長さは13%長くなっただけなのに対して、直径は50%も太くなりました。

ジュノーⅠ基本性能	
全　　長	21.2m
打上時重量	29t
段　　数	4
燃焼方式	1段目：液体燃料 2段目：固体燃料 3段目：固体燃料 4段目：固体燃料
積載可能重量	11kg
打上衛星	エクスプローラー1/3/4号

ジュノーⅡ基本性能	
全　　長	24m
打上時重量	55t
段　　数	3～4
燃焼方式	1段目：液体燃料 2段目：固体燃料 3段目：固体燃料 4段目：固体燃料
積載可能重量	41kg
打上衛星	パイオニア4号 エクスプローラー7/8/11号

(写真：NASA)

1959年10月、科学観測衛星エクスプローラー7号の打ち上げに成功したジュノーⅡロケット

ジュノーⅡは1958年から1961年まで10基の人工衛星を打ち上げました。1959年3月には地球の重力圏を抜けて太陽を周回する軌道に入ることに初めて成功したパイオニア4号の打ち上げにも成功しましたが、全体としてはやはり軌道制御技術が未成熟なため、4基の打ち上げ成功にとどまりました。

ディアマン (フランス・1965年)

1958年のソ連（現ロシア）による、スプートニク1号の打ち上げ成功に衝撃を受けたのは、アメリカばかりではありませんでした。欧州の大国として独自の道を歩み始めたフランスも即座に反応し、人工衛星を打ち上げるロケットの開発に乗りだします。

フランスは1959年に**ミサイル開発管理機関**（SEREB）を設立し、さまざまな弾道飛行ロケットを開発・実験の結果、低軌道へ

（写真：CNES）

1970年、中南米の仏領ギアナにあるギアナ宇宙センターの射場で打ち上げを待つディアマンBロケット

(写真：Pline)

ディアマンA基本性能	
全　　　長	18.9m
打上時重量	18.4t
段　　　数	3
燃焼方式	1段目：液体燃料 2/3段目：固体燃料
積載可能重量	低軌道：80kg
打上衛星	アステリックスなど

1965年11月、アルジェリアからディアマンAロケットによって打ち上げられた人工衛星アステリックス。この成功により、フランスは世界で3番目の人工衛星打ち上げ国となった

50kgの打ち上げ能力をもつ**ディアマン**（ダイアモンド）**ロケット**の開発に乗りだしました。その後、**フランス国立宇宙研究センター**（CNES）が設立され、ディアマンの開発が本格的にスタートします。そして、1965年11月にアルジェリアのアマギール発射場から、フランス初となる人工衛星アステリックスを打ち上げたのです。これによって、フランスはソ連、アメリカに次ぐ世界で3番目の人工衛星打ち上げ国となりました。

その後もディアマンの改良は続き、ロケットの推力を増強した**ディアマンBやディアマンBP4**が開発され、1975年9月までに12回打ち上げられました。2回の失敗はありましたが、独自の人工衛星を宇宙に送ることに成功したCNESは、ほかの欧州諸国が宇宙開発に消極的ななかで、存在感を大きくしていきます。しかし、アメリカとソ連の宇宙開発競争による成果に太刀打ちするのは困難だったので、フランスは欧州全体で宇宙開発を行うことを各国に提案し、1975年に**欧州宇宙機関**（ESA）が誕生しました。当初は10か国、2019年現在では20か国以上が参加しています。

第1章 戦中や戦後のロケット

ブラック・アロー（イギリス・1969年）

　フランスがディアマンロケットで人工衛星の打ち上げに成功したのに対して、フランスと欧州の盟主を競うイギリスが打ち上げに成功したロケットが、**ブラック・アロー**です。ブラック・アローは、酸化剤と燃料の組み合わせが独自のもので、燃焼ガスが無

(写真：artq55)

オーストラリア南部のウーメラにあるミサイル公園に展示されているブラック・アローロケットの実物大模型

ブラック・アロー基本性能	
全　　　長	13m
打上時重量	18.13t
段　　　数	3
燃焼方式	1/2段目：液体燃料 3段目：固体燃料
積載可能重量	低軌道：102〜135kg
打上衛星	プロスペロ衛星

色になるというユニークなロケットでした。

1970年3月に、人工衛星を搭載せずに弾道飛行のテストに成功し、1971年10月には技術試験衛星プロスペロを軌道に投入することに成功しました。

フランスの打ち上げが南米の仏領ギアナの宇宙基地から行われるのに対して、イギリスはオーストラリア南部の**ウーメラ試験場**から打ち上げました。プロスペロ衛星の打ち上げ成功で独自のロケット打ち上げ技術を獲得したイギリスでしたが、この成功を最後にブラック・アロー計画の中止が発表され、独自の宇宙開発から撤退することになりました。宇宙開発にかかる膨大なコストに対する不安が大きかったと思われます。これ以降、イギリスはアメリカのロケットを利用する道を選択することになりました。

ちなみにウーメラ試験場は、2010年6月に日本の小惑星探査機はやぶさが、小惑星イトカワのサンプル採集に成功して帰還したところでもあります。

第2章

日本の草創期

純粋に科学的成果を求める
日本のロケット開発は
一人の情熱的な研究者・糸川英夫の
チャレンジ精神からスタートしました。

第1章で見てきたように、ロケットはミサイルと同義語でした。先鋭化する東西対立のなかで、アメリカとソ連（現ロシア）がその開発を競い合った結果、兵器として誕生し成長してきました。ロケットの利用方法の1つとして、宇宙開発という平和利用もあったといったほうが適切かもしれません。

　そのような状況のなかで、日本のロケット開発は軍事利用を考慮することのない、平和利用だけを目指したもので、とてもユニークでした。日本のロケット開発の歴史を振り返り、その初志に思いを馳せることは、科学のあり方を考えるうえで大切な意味をもっているでしょう。

　第二次世界大戦で敗れた日本は、その軍備を解体され、工業生産施設の大半を失いました。戦時中、航空機開発に携わってきた研究者は、長い間その活動を再開できませんでした。

　しかし、1952年（昭和27年）にサンフランシスコ講和条約が成立したことによって、長かった活動休止期間もやっと終わりをつげ、多くの研究者が航空機の研究を再開し始めました。

　その研究者のなかに、日本の宇宙開発の歴史をつくることになる、**糸川英夫**（1912〜1999年）がいました。糸川は、戦争中には中島飛行機で旧日本陸軍の戦闘機の設計を多数手がけた、すぐれた航空機研究・設計者でした。

　糸川をはじめとする多くの研究者が、自由な研究を許されたとき、世界の航空機開発はジェットエンジン時代を迎えていました。そのようななかで、当然多くの研究者がジェットエンジンによる航空機の研究に乗りだしましたが、アメリカにおける最先端の研究に触れる機会のあった糸川だけは、その先を見ていました。すなわち、空気のない宇宙空間でも飛ぶことのできるロケットをこ

そ研究すべきである、との信念でした。そこでアメリカから戻った糸川は、1954年から母校・東京大学の生産技術研究所でロケットの研究・開発に没頭することになります。

ペンシルロケット（日本・1955年）

自由な研究が可能になったとはいえ、まず、ロケットの素材や推進剤などの調達が困難を極めました。

ロケットの推進剤には、朝鮮戦争で使われたバズーカ砲の火薬に改良を加えたものが使われました。**ペンシルロケット**のサイズはこの火薬の大きさから導きだされたものでした。また、機体の

タイプ別ペンシルロケット。右が全長23cmのペンシルロケット。中央は全長を30cmに延ばしたもの。左は2段式にしたもので、全長46cm、重量367gに改造されている。2段式ペンシルロケットは秋田県の道川海岸で打ち上げられた

（写真：JAXA）

(写真：JAXA)

日本のロケット開発の先駆者・糸川英夫。東京帝国大学工学部を卒業後、第二次世界大戦中は中島飛行機で陸軍の飛行機の設計に携わり、すぐれた能力を発揮したが、軍部の命令のままに動かされることに疑問を感じ、東京帝国大学に助教授として戻った。戦後、1953年に半年間アメリカで過ごす機会のあった糸川はロケット開発の重要性を痛感し、帰国後すぐに東大・生産技術研究所の中に研究班を組織、ロケット開発の先頭に立ち続けた。2010年6月、小惑星イトカワからの土壌サンプルをもち帰り話題となった「はやぶさ」が着陸した小惑星の名前は、糸川博士にちなんで名づけられた

素材には、戦時中、航空機製造用につくられたまま使われることなく倉庫に眠っていたジュラルミンが使用されました。

糸川と彼の情熱に魅せられたチームスタッフは、さまざまな試行錯誤を繰り返した結果、1955年4月12日、ついに日本初のロケット発射に成功しました。直径が18mm、長さが23cmのロケットは、さながら鉛筆のようだとして、ペンシルロケットと命名されました。

ペンシルロケット基本性能	
全　　　長	23〜46cm
打上時重量	200〜367g
段　　　数	1〜2
燃焼方式	固体燃料
積載可能重量	—
打上衛星	—

まるで子どものおもちゃのような大きさのペンシルロケットですが、先端や尾翼の形状、あるいは重心の変化による空力特性の変化など、それ以降のロケット開発に必要な基礎データを収拾するために、東京都国分寺市に戦時中に使用されたまま残されていた銃器試射用半地下壕で行われた水平発射試験では、29機すべての発射に成功しました。

その後、ロケットの全長を30cmに延ばすなど大型化が図られたため、実験場を千葉市にあった生産技術研究所内に移しました。しかし、東京近郊でロケットを空に向かって打ち上げる実験ができる場所を確保することは難しいため、糸川らがたどり着いたのが、日本海に面した秋田県の**道川海岸**でした。同年8月には道川海岸でロケットを上空へ向かって打ち上げる実験を行いました。ロケットは17秒の飛行時間で600mの高度に達したのち、700m先の海面に落下しました。

ベビーロケット（日本・1955年）

道川海岸に実験場を確保した糸川らは、ここでロケットの大型化に取り組み、そして開発されたのが**ベビーロケット**です。手始めに打ち上げ性能を確認するためにS型がつくられました。その直径は8cm、長さが約120cm、重さが約10kgと格段に大型化したベビーロケットSは2段式になり、より高い高度を目指しました。

その結果、ペンシルロケットが初めて水平に発射された1955年の8月には、ベビーロケットSは6000mの高度に達します。

ベビーロケット基本性能	
全　　　長	124〜134cm
打上時重量	10kg
段　　　数	2
燃焼方式	固体燃料
積載可能重量	―
打上衛星	

(写真：JAXA)

ベビーロケットの重心を測定するスタッフ

完成したベビーロケットと並ぶ糸川博士。このときすでに博士の頭の中にはその先の計画があった

打ち上げに失敗し、道川海岸の砂浜に横たわるベビーロケットの残骸。この中には推進剤が詰まっていたため爆発の危険性があったので、スタッフは命がけで回収に向かった

ロケットを追跡するためのレーダーアンテナ。なんと手動で操作しているが、これは非常に難しい作業のため、熟練したスタッフがあたったが、そのための猛練習を積まなければならなかった

これによりベビーロケットを科学観測ロケットとして利用することが検討され、T型が開発されました。ベビーロケットTは高度や速度、温度、加速度などを計測し、地上への電送に成功しました。このときは上空からの電波を受信するアンテナが手動だったため、観測者がアンテナをもって走り回るなど、いまでは考えられないほどさまざまなものを手づくりした時代でした。

　1954年春、戦後の国際協力による科学技術の発展を目指して、アメリカから国際共同プロジェクト**国際地球観測年**（1957年7月〜1958年12月）が提案されました。糸川をはじめとする日本のロケット研究者たちも、ロケットによる高層大気の観測をテーマとして、国際地球観測年への参加を目指し、より高空へ達するロケットの開発を急ぐことになります。

カッパロケット（日本・1958年）

　国際地球観測年への参加を表明した日本は、高度50kmに達するロケットを開発する必要がありましたが、そのために開発されたのが**カッパロケット**です。

　カッパロケットでは、金属に加えて強化プラスチックを採用するなど、ロケットの軽量化と推進剤の改良が繰り返されましたが、目標とする高度に達するのは難しく、1型からスタートして2型、3型、4型、5型と続く開発も高度20kmを超えることができませんでした。

　その原因が推進剤にあることがはっきりしたところで、1958年6

カッパ6型基本性能	
全　　　長	5.4m
打上時重量	255kg
段　　　数	2
燃焼方式	固体燃料
積載可能重量	15kg
打上衛星	―

(写真：JAXA)

月、新たに開発された推進剤によって、第1段の直径が25cm、第2段が16cm、全長5.4m、重さ255kgのK-6型ロケットを高度40kmへ打ち上げることに成功しました。

その後、60kmの高度に到達したカッパロケットは、大気観測データをもって国際地球観測年への参加を果たしました。

打ち上げ準備が整ったカッパ1型ロケット。1956年9月、大勢の関係者に見守られながら晴れわたる日本海上空へ打ち上げられ、高度5000mに達した

発射台に設置されるカッパ8型ロケット。1960年9月、ついに高度190kmに到達した。これによって本格的な宇宙観測が可能となった

カッパロケットはその後も改良が加えられ、1960年9月に打ち上げられた8型は、ついに高度190kmを超えて電離層の最下層に届くようになりました。これによって宇宙観測の範囲が大きく広がり、日本の宇宙開発は世界で大きな注目を集めるようになっていきました。

ちなみにカッパとはギリシャ語の「K」で、名称に苦労した糸川が「河童」と同じその語感のよさから命名しました。その後、糸川らの開発するロケットはアルファベットの順番どおりラムダ（L）、ミュー（M）とギリシャ文字を使用することになります。

日本初の宇宙基地を探して

その後、順調に到達高度を伸ばし、人工衛星の打ち上げも予定されるようになってきたカッパロケットですが、高度が200kmに達すると、日本海の狭さが問題になってきました。打ち上げに失敗するとロシア側に落下してしまう恐れがあるのです。そこで糸川は、太平洋側に新たな発射場を確保しようと奔走し、北海道から種子島まで全国を回りました。

海に囲まれた日本では、至るところで漁業が盛んです。そのため、漁業者の生活を脅かすことのない場所でなければならず、発射場の選定は困難を極めました。北から南まで、全国を探し回った糸川が最後にたどり着いたのが、鹿児島県大隅半島にある**内之浦**

道川海岸から大陸までの距離

(右ページとも写真：JAXA)

現在の内之浦宇宙空間観測所。山の斜面を利用した世界でもめずらしい射場である

でした。そこは海に面した山の上で、ロケット発射場が設けられるような場所ではないと思われましたが、糸川の常識にとらわれない発想から、山を削ってその頂きに発射場を建設することが発案されました。

　ロケット発射場を起爆剤に町興しを計画する地元の人々の温かな歓迎と、漁業組合との円満な話し合いによって、内之浦では順調にロケット発射場が建設されていきました。

　しかし、内之浦で新たなロケット発射場が建設されているちょうどそのときに、道川海岸で1つの事故が発生しました。1962年5月に打ち上げられたK-8型ロケットが打ち上げ直後に地上に落下、その破片によって付近の集落を巻き込んだ火災を発生させてしまったのです。この事故によって、道川海岸ではそれ以降に予定されていた打ち上げは中止され、東京大学生産技術研究所が打ち上げるロケットはすべて内之浦から打ち上げられることになりました。

　内之浦に新たな発射場（現・内之浦宇宙空間観測所）を確保した東京大学生産技術研究所は、その後も順調にロケット開発を進め、その到達高度を伸ばしていきました。

ラムダロケット（日本・1963年）

カッパロケットが高度200kmに到達したことにより、日本のロケット開発は本格的に人工衛星の打ち上げを目指したものになっていきました。

1960年にはカッパロケットに続く高度1000kmを目指す「ラムダ計画」がスタートし、1962年10月、糸川はグループに、5年後に重量30kgの衛星を打ち上げるための検討を提案しました。1963年には、カッパロケットに次ぐ**ラムダ（L）ロケット**が開発され、L-3が高度1000kmに到達でき、さらに改良を加えたL-3H 2号機は、1965年7月に高度2000kmへ到達できました。しかし、人工衛星を打ち上げるにはまだまだ時間が必要でした。

打ち上げランチャーに設置されたL-3Hロケット

L-3Hロケット2号機の打ち上げは完全に成功し、高度2000kmに達した

ラムダ-4S基本性能	
全　　長	16.5m
打上時重量	9.4t
段　　数	4
燃焼方式	固体燃料
積載可能重量	26kg
打上衛星	おおすみ

日本が初めて打ち上げた人工衛星おおすみ。この成功で日本は世界で4番目に人工衛星の打ち上げに成功した国となった

　なお、東京大学生産技術研究所の糸川を筆頭とするロケット研究グループは、1964年4月に**東京大学宇宙航空研究所**を発足させ、ロケット開発にいままで以上に集中できる体制を整えました。

　4回の失敗ののち1970年2月、補助ロケットブースターを抱えた**L-4S**ロケット5号機が、日本初の人工衛星となる**おおすみ**を近地点約350km、遠地点5140kmの楕円軌道に乗せることに成功しました。これによって、日本はアメリカ、ソ連（現ロシア）、フランスに次いで世界で4番目の人工衛星打ち上げ国となったのです。

　日本のロケット開発草創期は、純粋に科学的な目的だけをもって取り組んだ、糸川ら宇宙航空研究所の情熱に支えられていたのでした。

 ## ミューロケット（日本・1974年）

　L-4Sでおおすみの打ち上げに成功した糸川らは、さらに強力な打ち上げ能力をもつロケットの開発に向かいます。

　それまでの目標高度1000kmをさらに伸ばし、高度10000kmを目指して開発されたのが、**ミュー（M）ロケット**です。高度10000kmとはヴァン・アレン帯を観測できる高度であり、この

高度へ達することができれば、日本の宇宙開発はその範囲を広大にすることができます。

L-4Sでは本体部の直径が735mmでしたが、それに続いて当初構想されたロケットの直径は1280mmでした。しかしそれでは不十分と見た糸川の提案により、ミューロケットの直径は1400mmと大型化されました。

打ち上げられたM-3Cロケット1号機

ミュー-3S基本性能	
全　　　長	23.8m
打上時重量	48.7t
段　　　数	3
燃焼方式	固体燃料
積載可能重量	300kg
打上衛星	たんせい、ひのとり、てんま、おおぞら、すいせい　ほか

（左ページともイラスト・写真：JAXA）

整備塔からでて射場へ向かうM-3SⅡ3号機。ペイロードにはX線観測天文衛星ぎんがを搭載している

(写真：JAXA)

整備塔の大扉を開き、M-3SⅡ1号機が姿を現した

当初、4段式でスタートしたM-4Sは、ロケットシステムの簡素化と軌道制御を容易にするために、3段式のM-3Cへと進化していきました。これによって打ち上げ能力も向上したM-3C 1号機が、1974年2月に試験衛星たんせい2号の打ち上げに成功し、日本の宇宙開発は、本格的な人工衛星打ち上げの時代に入っていくことになります。

L-4Sでは自立誘導制御方式ロケットだったものが、M-3Cをさらに進化させたM-3Sでは、全段で地上からの誘導制御が可能となり、軌道精度が格段に向上しました。

この間、1981年には東京大学宇宙航空研究所が宇宙科学研究所として発展的に改組され、1986年に地球に大接近するハレー彗星の国際観測計画に参加することが決定されました。そのために必要とされる能力をM-3Sは満たすことができないので、新たなロケットの開発が行われた結果、M-3SⅡが誕生しました。

M-3SⅡはラムダロケットをそのまま補助ロケットブースターとして活用し、2、3段目を大型化するなどして積載能力も770kgまで拡大し、より大きな人工衛星を打ち上げることができるよう

になりました。M-3SⅡは1985年8月、ハレー彗星探査機すいせいを目的軌道に投入することに成功しました。全段固体燃料ロケットで地球の重力圏を振り切る惑星間軌道へ衛星を送る能力をもったことは、他国に例を見ないめずらしいことでした。

ミューロケットの開発によって独自の固体燃料ロケットをもつようになった日本は、1997年、ついに5世代目のミューロケットとして、世界最大の固体燃料ロケット**M-V**を誕生させます。

M-V（日本・1997年）

M-3SⅡによって地球の重力圏を抜ける衛星の打ち上げに成功した宇宙科学研究所は、その年の秋にはさっそく、より強力なロケットの開発に取り組み始めました。それは低軌道へ2t程度の打ち上げ能力をもつもので、M-3SⅡが770kgであったことを考えれば、飛躍的な能力向上を目指していました。

そのために必要とされる推進剤は、第1段で70t（M-3SⅡでは32t）、第2段で30t（同11.6t）、第3段で10t（同3.3t）とされました。ただ第1、第2段の推進力をしっかりと支えるモーターケースについて、予定していた超高張力鋼が耐圧不足で使えず、素材の改良を余儀なくされるなどの問題が発生し、当初目標

M-V5号機基本性能	
全　　　長	30.8m
打上時重量	140.4t
段　　　数	3
燃焼方式	固体燃料
積載可能重量	1850kg
打上衛星	1号機：電波天文観測衛星はるか 2号機：Lunar-A（中止） 3号機：火星探査機のぞみ（軌道投入失敗） 4号機：打ち上げ失敗 5号機：小惑星探査機はやぶさ 6号機：X線天文衛星すざく 7号機：太陽観測衛星ひので 8号機：赤外線天文衛星あかり

とされた1995年2月の打ち上げ予定は大幅に遅れました。

しかし、さまざまな困難を乗り越えた宇宙科学研究所は、1997年2月、ついにM-V1号機を内之浦宇宙空間観測所から打ち上げることに成功しました。

全長約30m、直径約2.5m、打ち上げ時全重量が約140tと世界最大の固体燃料ロケットM-Vは、世界でもっともすぐれた固体燃料ロケットといえるもので、低軌道へ約1800kgの衛星を打ち上げることができました。M-Vは、1号機から2006年9月に打ち上げられた7号機まで7機が打ち上げられ（2号機は打ち上げ中止、8号機は2006年2月打ち上げ）、2000年2月に打ち上げられた4号機を除くすべての打ち上げに成功しました。

予算との戦いに敗れたM-V

M-Vが打ち上げられていたころ、日本の宇宙政策は大きな転機を迎えていました。

それまで固体燃料ロケットで大きな成果を上げてきた日本のロケットですが、その一方で液体燃料ロケットの開発も行われていました。それを受けもっていたのが宇宙開発事業団ですが、こちらの開発は困難続きで思うような成果をだせずにいました。そこで2003年10月、国は宇宙開発の効率的な遂行のために、宇宙科学研究所と宇宙開発事業団に、これまで航空機の研究を中心に行ってきた航空宇宙技術研究所の3者を統合し、独立行政法人**宇宙航空研究開発機構（JAXA）**を発足させました。

もともと宇宙開発の予算が少ない日本としては、固体燃料ロケットか液体燃料ロケットのどちらか1つにすべきではないかという考えは根強くありましたが、問題にされたのはM-Vの打ち上げコストでした。液体燃料ロケットと比較した場合、その割高さ

M-Vで打ち上げられたおもな人工衛星

(イラスト：JAXA)

小惑星探査機はやぶさ（2003年、M-V-5）

太陽観測衛星ひので（2006年、M-V-7）

などから、今後は液体燃料ロケットを中心とすべきという方針が示され、2006年7月、M-Vの廃止が決定されました。

その背景には、官僚同士の確執があったと指摘する専門家もいましたが、これにより日本の固体燃料ロケットの開発は、いったん中止されることになりました。

これまでつちかってきた日本の固体燃料ロケット技術は、液体燃料ロケットの1段目に外装される固体燃料ロケットブースターに生かされていますが、小型科学衛星を打ち上げるために、M-Vの3分の2程度の打ち上げ能力をもつ固体燃料ロケットの必要性が叫ばれており、M-Vに代わる新たな固体燃料ロケットとして**イプシロン**（→p.141）へとつながっていきます。

液体燃料ロケットから見た日本の宇宙開発

糸川博士を中心としたグループが開発を続けた固体燃料ロケットは、そのサイズなどから、小型の科学観測衛星を打ち上げることがおもな目的となりました。それに対して、国はより大型の商業衛星を打ち上げるための液体燃料ロケットの開発を目指して、1969年10月、宇宙開発事業団を設立しました。

固体燃料は、一度点火すると燃えつきるまで消すことはできませんが、液体燃料は燃焼中に出力の増減を調整できるため、商業

衛星の打ち上げのためばかりでなく、将来予想される大型ロケット打ち上げの技術を獲得するためにも、なんとしても液体燃料ロケットの開発を成功させようとしました。

燃焼実験のため、秋田県の能代ロケット実験場に運び込まれたM-V2段目ロケットエンジン。オゾン層の破壊が懸念されたM-3SⅡの推進剤から、より低公害型の推進剤へ変更された

M-V1段目のロケットエンジンの推進剤を充填しているところ。推進剤は合成ゴムを主体としたもので、酸化剤として過塩素酸アンモニウムなどの微粒が混ぜ合わされている

M-V8号機のフェアリングにピッタリ収まった赤外線天文衛星あかり

(左ページとも写真：JAXA)

上：電波天文観測衛星はるかを搭載して打ち上げられたM-V1号機
左：ランチャーにセットされ打ち上げを待つM-V1号機

立ち上がったM-V1号機の1段目下部と、それに組み合わされる1段目上部

N-Ⅰ/Ⅱ （日本・1975年/1981年）

しかし、事業団設立当初は専門知識をもつスタッフも皆無で、暗中模索での液体燃料ロケット開発となり、結局うまくいかず、アメリカから**デルタ**ロケット（→p.72）の技術の供与を受けることとなり、1970年10月からNロケットの開発をスタートさせました。その後、1975年9月に1号機の打ち上げに成功した事業団は、1982年9月の7号機まで7回の打ち上げに成功し、打ち上げ技術の習得に励みました。

N-Ⅰロケットで打ち上げ技術を習得した宇宙開発事業団が次に挑んだのがロケットの大型化でしたが、N-Ⅱロケットもやはりアメリカのデルタロケットをライセンス生産したものでした。

N-Ⅱは本体部の直径はN-Ⅰと同じ2.44mですが、打ち上げ能力を強化するため、2段目のエンジンもより推進力の強いアメリカ製のものにし、1段目本体に外装される固体燃料補助ロケットを9本に増強するなどしたため、N-Ⅰよりも国産化率が落ちたロケットになってしまいました。

しかし、アメリカ製デルタロケットの確立された技術に裏打ちされたN-Ⅱは、1981年2月に打ち上げられたきく3号から1987年2月のもも1号まで、通信衛星や気象衛星など8回におよぶ打ち上げをすべて成功させることができました。

N-Ⅰ基本性能	
全　　　長	32.57m
打上時重量	90.4t
段　　　数	3
燃焼方式	液体燃料
積載可能重量	低軌道：1200kg 静止トランスファ軌道：180kg
打上衛星	きく1号（1号機） うめ（2号機） きく2号（3号機） うめ2号（4号機） あやめ（5号機・一部失敗） あやめ2号（6号機） きく4号機（7号機）

第2章 日本の草創期

（写真：JAXA）

1975年9月9日、日本が打ち上げた大型液体燃料ロケットの第1号となったN-Ⅰ1号機。低軌道へ技術試験衛星きく1号を投入することに成功した

H-Ⅰ （日本・1986年）

　Nロケットの打ち上げを通じてさまざまな技術を習得した日本が、次に目指さなければならない課題は、さらなるロケットの大型化と国産化率の向上でした。そこで開発されたのがH-Ⅰロケットです。1986年8月にH-Ⅰ試験機の打ち上げに成功して以降、1992年の9号機まで、すべての打ち上げに成功しました。

　H-Ⅰの重要な点は、2段目のエンジンの自主開発に成功したことです。また、ロケットの慣性誘導も国産技術で開発されました。残念ながら、1段目のロケットはN-Ⅱと同じアメリカ製のデルタロケットを使用しているので、H-ⅠというよりもN-Ⅲととらえる見方もありますが、N-Ⅱの国産化率が60％程度であったのに対して、H-Ⅰのそれは80％程度に向上しました。しかも第2段用

整静止通信衛星さくら3号aを搭載し、打ち上げをまつH-Ⅰ3号機

H-Ⅰ基本性能	
全　　　長	40.3m
打上時重量	139.3t
段　　　数	2～3
燃焼方式	液体燃料
積載可能重量	低軌道：2200kg 静止トランスファ軌道：550kg
打上衛星	あじさい（1号機・性能確認） きく5号（2号機・性能確認） さくら3号a（3号機） さくら3号b（4号機） ひまわり4号（5号機） もも1号b（6号機） ゆり3号a（7号機） ゆり3号b（8号機） ふよう1号（9号機）

エンジンとして開発された LE-5 型エンジンの自主開発に成功したことは、将来に大きな期待を抱かせるものでした。

　液体酸素と液体水素を推進剤とする国産初のエンジンLE-5は、軌道上でエンジンを停止したのち、再点火ができるという画期的な性能をもつエンジンでした。

　H-Ⅰで1段目のエンジン以外の国産化を実現した宇宙開発事業団が次に目指したのは、もちろん1段目のエンジンの独自開発でした。H-Ⅰで開発された2段目用エンジンLE-5が非常にすぐれた性能を発揮するエンジンだったために、LE-5を大型化して新たなエンジンを開発しようともくろみ、誕生したのが LE-7 です。

　スムーズに進むかと思われたその開発は、爆発や火災事故などさまざまな困難に見舞われ思いのほか難航しましたが、1994年、無事に完成されました。1段目に外装される固体燃料補助ロケットエンジンも国産化されたため、H-Ⅱロケット（→p.122）の完成により、日本は念願の純国産ロケットの開発に成功しました。

（左ページとも写真：JAXA）

1987年8月27日に技術試験衛星きく5号を搭載して打ち上げられたH-Ⅰ2号機が打ち上げ準備を整え、整備塔から姿を現した

射場から大空へ向かって打ち上げられたH-Ⅰ2号機

独自技術で開発に成功した第2段ロケットエンジンLE-5。550kgほどの衛星を静止トランスファ軌道へ届けることができる

ロケットを打ち上げるときによく耳にするのが、「軌道」という言葉です。ロケットは、人工衛星をその目的に応じて、最適な軌道に運ばなければなりません。その際に、よく登場する軌道を下にまとめました。

人工衛星のおもな軌道

低軌道	高度2000km以下の地球周回軌道。国際宇宙ステーションなど多くの人工衛星がこの軌道を周回している。
中軌道	高度2000kmから静止軌道（約3万6000km）までの地球周回軌道。
高軌道	静止軌道より外の地球周回軌道。
静止軌道	赤道上にあるこの軌道に置かれた衛星は、地球の自転速度と同じ速度で周回するため、地上からは静止しているように見える。そのため、気象衛星や通信衛星などに使用される。
極軌道	北極と南極の上空を通過する軌道。軌道傾斜角は90度近くになる。人工衛星が軌道上を周回する間に、地球が自転するため地球全体を見ることができるので、多くの地球観測衛星が極軌道に投入されている。
太陽同期軌道	この軌道から地球を見ると地表に当たる太陽光線がつねに一定の角度であるため、地球観測を行うのに適している。
太陽同期準回帰軌道	この軌道では、一定の周期ごとに同一地点の上空を、同一時間帯に通過するため、同一条件で繰り返し地表を観測できるので、多くの地球観測衛星がこの軌道から地球の観測を行っている。
静止トランスファ軌道	近地点が低軌道で、遠地点が静止軌道にある楕円軌道。静止軌道へ人工衛星を送るために使われる。

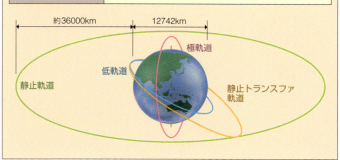

第3章

成熟期のロケット

宇宙開発の発展に伴って
多くの人工衛星や探査機が宇宙に送られました。
それらを運ぶために
世界中でさまざまなロケットが誕生しました。

東西冷戦が激しさを増すなかで、アメリカとソ連（現ロシア）を中心として、より強力なミサイルが開発されていきました。それはまた、強力なロケットが開発されることでもありました。どのようなロケットが登場したのか、おもなものを見ていきましょう。

アトラス（アメリカ・1959年）

　アメリカが大陸間弾道ミサイル（ICBM）として初めて開発したのが**アトラス**で、1959年から1968年まで実戦配備されていました。

　宇宙開発の分野ではアメリカとソ連（現ロシア）が有人宇宙開発を競っていました。アメリカでは1958年7月に**アメリカ航空宇宙局（NASA）**が誕生し、総力を挙げて宇宙開発に取り組む態勢を整えた時期でしたが、結局、1961年4月にロシアのガガーリンがボストーク1号で地球周回飛行に成功したことにより、ソ連が大きなリードを見せつけることになりました。

　このとき、ソ連の宇宙開発に対抗して行われていた**マーキュリー計画**で利用された打ち上げロケットが、アトラスミサイルを人工衛星打ち上げ用に改良したアトラスロケットで、1960年7月に無人衛星の打ち上げに成功しました。1962年2月、アトラスロケットで打ち上げられたジョン・グレン宇宙飛行士を乗せたマーキュリー・アトラス6号は、アメリカ初となる有人地球周回飛行に成功し、宇宙開発技術でようやくソ連と肩を並べることができました。

　1959年から実戦配備されたアトラスミサイルは、段数が1.5段というユニークな構造のミサイルで

アトラス基本性能	
全　　　長	23.1m
打上時重量	120t
段　　　数	1.5
燃焼方式	液体燃料
積載可能重量	2t
打上衛星	マーキュリー・アトラス6〜9号

した。これは、1段目のメインエンジンを3基備え、打ち上げ時には途中でそのうちの2基を切り離すというものでした。しかし、燃料の酸化剤に液体酸素を使用しているため、打ち上げに非常に時間がかかってしまい、兵器としての即応性に劣ることから、1965年以降はタイタン（→p.68）などに取って代わられ、兵器としての寿命は終えてしまいました。

（写真：NASA）

1963年5月、ケープ・カナベラルから有人宇宙船マーキュリー・アトラス9号を打ち上げたアトラスLV-3B型ロケット

1958年2月、ケープ・カナベラルから打ち上げられたアトラスAミサイル

マーキュリー計画

(左ページとも写真:NASA)

アメリカが初めて地球周回軌道に打ち上げたマーキュリー宇宙船「フレンドシップ7」

アメリカ人で初めて地球周回飛行を行ったジョン・グレン宇宙飛行士

アメリカ人初の宇宙飛行士としてマーキュリー3号で宇宙へ飛びだしたアラン・シェパード宇宙飛行士

ゴードン・クーパー宇宙飛行士。マーキュリー・アトラス9号に搭乗し、地球を22周したのち、無事帰還した

タイタンⅠ/ⅡGLV（アメリカ・1959/1964年）

アトラスと同様に、大陸間弾道ミサイル（ICBM）として開発されたのが**タイタン**ミサイルです。アトラスと並行して行われたその開発は、アトラスの開発に失敗したときの代替計画として行われると同時に、アトラスよりも飛行距離が長い大型のミサイルを開発することによって、将来の人工衛星打ち上げを見据えたものでもありました。1955年に開発がスタートしたタイタンは、1959年2月、**タイタンⅠ**の打ち上げに成功しました。

アトラスが1.5段方式なのに対して、タイタンは2段方式を採用しました。ミサイル全体が最後まで飛んでいくアトラスの1.5段方式に対して、1段目の燃焼終了後にそれを切り離し、新たに2段目に点火するというタイタンの方式は、少ない燃料でより遠くへ弾頭を運ぶことができました。

（写真：Kogo）

タイタンⅠで使用されたXLR-87エンジンは2基が1組として作動する、タイタンのために開発されたエンジンである

第3章 成熟期のロケット

タイタンIはアトラス同様、酸化剤に液体酸素を使用していたため、その貯蔵管理が難しく、また充填にも時間がかかるなど、ミサイルとしては即応性に難点がありました。そこで常温保存が可能な酸化剤に変更して開発されたのが**タイタンII**です。しかし、燃料漏れによる大きな事故を2回起こしたことをきっかけに、退役することになっていきました。

タイタンIIを宇宙開発に応用して開発されたのが、**タイタンII GLV**です。これは、アメリカ初の有人宇宙開発であるマーキュリー計画を引き継いで行われたジェミニ計画のためにつくられたロケットです。

ジェミニ計画とは、そのあとに予定されているアポロ計画を行うのに必要な人工衛星同士のランデブー飛行やドッキング、宇宙遊泳などの技術開発を進めるための計画でした。

(写真：U. S. Air Force)
地下のミサイルサイロから発射されたタイタンII

タイタンI 基本性能	
全　　　長	31m
打上時重量	105t
段　　　数	2
燃焼方式	液体燃料
積載可能重量	低軌道：1.8t
打上衛星	－

タイタンII GLV 基本性能	
全　　　長	31m
打上時重量	154t
段　　　数	2
燃焼方式	液体燃料
積載可能重量	低軌道：3.6t
打上衛星	ジェミニ1～12号

1966年9月、ジェミニ11号を搭載して打ち上げられたタイタンⅡ GLVロケット

ジェミニ計画

マーキュリー計画が成功したのち、その成果をアポロ計画につなぐために行われたジェミニ計画では、1965年から1966年にかけて10回の有人飛行が行われ、ランデブーやドッキング、宇宙遊泳などが実験された。マーキュリー宇宙船では1人であった乗組員が、ジェミニ宇宙船では2人に増やされた

(左ページとも写真・イラスト：NASA)

　1964年4月に打ち上げられたジェミニ1号から1966年11月のジェミニ12号まで、10回の有人飛行を含む12回の打ち上げが行われ、そのすべてに成功しました。

　タイタンⅡをGLVに変更するにあたり、飛行士にロケットの異常を知らせるシステムを組み込む、慣性誘導方式ではなく地上からの無線誘導方式を採用するといった、より安全面に配慮した変更が行われました。

デルタ (アメリカ・1960年)

　デルタロケットは、アトラスやタイタンがそうであったように、1950年代に開発された弾道ミサイルをロケット打ち上げ用に改造・転用したもので、射程2400kmのソア中距離弾道ミサイルがベースになっています。そのため、開発時にはソア・デルタと呼ばれていましたが、NASAがソア・デルタを非軍事用衛星の打ち上げに利用するにあたり、名称をデルタと変更しました。それ以降はたんにデルタと呼ばれています。

　1960年に初めて打ち上げられたときには失敗に終わりましたが、その後は順調に成功を重ね、特に中型衛星の打ち上げに活用されました。デルタはこれまでNASAが打ち上げたロケットのなかではもっとも数が多く、およそ300機くらいが打ち上げられています。

　デルタの活躍ぶりはバリエーションの多さに端的に表れています。エンジンをより強力なものに換える、燃料タンクを長くするなどの変更が加えられるたびに新たなバリエーションが加わり、デルタAからB、Cと替わり、1972年にはデルタNまでいきましたが、それ以降はアルファベットで区別することの限界が意識され始めたため数字で区別されるようになり、4桁の数字によってロケットの構成が識別できるようなシステムになりました。

　しかし、スペースシャトルが運用されるようになり、人工衛星の打ち上げがロケットからスペースシャトルに代わっていくと、デルタの製造は中止となりました。

デルタB基本性能	
全　　　長	約40m
打上時重量	—
段　　　数	3
燃焼方式	液体燃料 固体燃料（3段目）
積載可能重量	低軌道：0.375t
打上衛星	科学観測衛星など

第3章 成熟期のロケット

（写真：NASA）

1965年4月、通信衛星インテルサット1号を打ち上げたデルタDロケット

なお日本は、N-Ⅰ/N-Ⅱ/H-Ⅰロケットの開発に際して、デルタロケットの技術を導入し、液体燃料ロケットについて学びました。

モルニヤ（ソ連およびロシア・1960年）

ソ連（現ロシア）の宇宙開発をアメリカよりも一歩先んじたものにしたのがR-7ロケット（→p.29）でしたが、**モルニヤロケット**はそのR-7ロケットを4段式に改良してつくられたロケットで、長楕円軌道や高度の高い軌道をもつ人工衛星、宇宙探査機の打ち上げに使用するために開発されました。また、北の国ならではの切実な要求から生まれたロケットでもあります。

ソ連にせよロシアにせよ、その土地の多くが高緯度地方にあり北方に片寄りすぎているため、赤道上空に静止衛星を打ち上げても、その衛星の仰角（見上げる角度）が低すぎて通信の条件が悪いなど、使い勝手のいいものになりません。そこで考えられたのが**モルニヤ軌道**と呼ばれる軌道です。この軌道は、赤道に対する傾斜角が63.4度で、周期が地球の自転の半分、そして非常に離心率の高い長楕円軌道です。ちなみに近地点高度が500km、遠地点高度が40000kmで、静止トランスファ軌道によく似た軌道です。

モルニヤ軌道を飛ぶ通信衛星モルニヤ衛星は、地上から見ると、南の空からロシア上空までゆっくり北上したのち、ふたたび南へ下っていくという運動を繰り返します。そのためロシアにとっては、モルニヤ軌道上に数基の人工衛星を飛ばし、常に上空に人工衛星があるようにしておいたほうがよいのです。

モルニヤロケットは、3段式のボストークロケットに1段加えて、モルニヤ軌道へより重い人工衛星を運ぶことを目的として開発され、1960年

モルニア基本性能	
全　　　長	40m
打上時重量	305.5t
段　　　数	4
燃焼方式	液体燃料
積載可能重量	低軌道：1800kg 静止トランスファ軌道：1600kg
打上衛星	モルニヤ衛星

10月に初めて火星探査機を搭載して打ち上げられました。しかし、4段目のエンジン点火に失敗することが多いため、1964年に改良型のモルニヤMロケットが登場しました。

これにより、打ち上げ成功率が大幅に向上したため、モルニヤ衛星や軍事衛星、惑星探査機などの打ち上げに多く利用されましたが、その後、プロトンロケット（→p.82）が開発されると、徐々にその地位を取って代わられ、2010年に運用を終了しました。

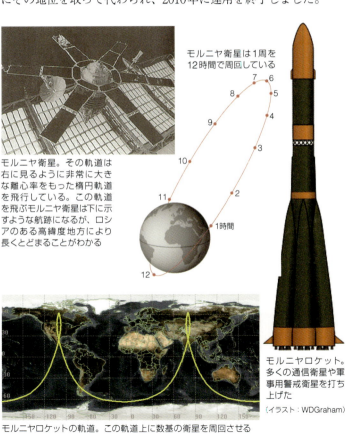

モルニヤ衛星。その軌道は右に見るように非常に大きな離心率をもった楕円軌道を飛行している。この軌道を飛ぶモルニヤ衛星は下に示すような航跡になるが、ロシアのある高緯度地方により長くとどまることがわかる

モルニヤ衛星は1周を12時間で周回している

モルニヤロケット。多くの通信衛星や軍事用警戒衛星を打ち上げた
（イラスト：WDGraham）

モルニヤロケットの軌道。この軌道上に数基の衛星を周回させる

コスモス (ソ連およびロシア・1961年)

ソ連やロシアの宇宙開発のなかで、**コスモス**という名前はソユーズと同様に、ロケットにも人工衛星にも与えられています。コスモスロケットによって打ち上げられた人工衛星をコスモス衛星と呼んでいるわけではないので、かなりまぎらわしいことになっていますが、ここではコスモスロケットについてのみ解説します。

コスモスロケットは、1959年に開発された中距離弾道ミサイルR-12をロケット打ち上げ用に改良し、1961年10月に初めて打ち上げられた1号(名称はたんにコスモス)が最初です。現在までに700基以上が打ち上げられてきました。

1964年8月に打ち上げられた2号(名称はコスモス1)は、R-12より飛行距離が大幅に伸びたR-14という中距離弾道ミサイルを転用したもので、1965年までの間に8回打ち上げられました。その後、ふたたびR-12を利用したコスモスMとコスモス2が開発されましたが、1966年からはR-14を改良したコスモス3が開発され、1968年までに6基が打ち上げられました。

しかし、コスモスロケットのなかでもっとも多く使われたのが**コスモス3M**というロケットで、1967年に初めて打ち上げられて以降、現在までに444基が打ち上げられ、424基が成功しています。

コスモスロケットは、カザフスタンのバイコヌール宇宙基地から打ち上げられていましたが、コスモス3Mはロシア南部のカプースチン・ヤール宇宙基地や北緯62度46分にあるプレセツク宇宙基地から打ち上げられています。

コスモス3M基本性能

全　　　長	32.4m
打上時重量	109t
段　　　数	2
燃焼方式	液体燃料
積載可能重量	低軌道：1400kg 太陽同期軌道：775kg
打上衛星	多数の人工衛星

(カラー写真:NASA)

モスクワの北方800kmにあるプレセツク宇宙基地(上)と、そこから打ち上げられたコスモス3Mロケット。アメリカや欧州のロケット射場が低緯度にあるのと比べると、プレセツク宇宙基地は静止衛星などの打ち上げには不利だが、バイコヌール宇宙基地はカザフスタン共和国にあるため、安全保障上からも今後、ロシアの中心的な宇宙基地になっていくであろう

コスモスロケットとして転用された中距離弾道ミサイルR-14

タイタンⅢ（アメリカ・1964年）

　タイタンⅢは、2段式だったタイタンⅡに3段目のロケットを加えることでつくられたロケットです。打ち上げ能力をより強力なものにするためにさまざまな改良が行われた結果、非常に多くのバリエーションがつくられたロケットでもあります。それはおもに軍事的な要求から行われたものですが、商業目的にも利用されました。

　タイタンⅢAは3段目に**トランステージロケット**が搭載されたもので、1964年から1965年にかけて4回の打ち上げが行われました。トランステージロケットとは、上段で使用するために開発されたロケットで、その全長は4.6m、直径は3mありました。タイタンⅢAばかりでなくほかのタイタンⅢでもよく使用されました。トランステージロケットは、AJ-10と呼ばれるエンジンを2基備えていましたが、このエンジンは月へ人間を運んだアポロ宇宙船にも使用されたものです。

　タイタンⅢBは3段目に**アジェナ-Dロケット**を搭載したもので、1966年から1987年までの間に70回打ち上げられました。全長6.3m、直径1.5mのアジェナ-Dロケットは、打ち上げる人工衛星の重量に対応してさまざまな変更を加えられるように設計されているため使い勝手がよく、また性能もすぐれていたため、アメリカの上段用ロケッ

タイタンⅢA基本性能	
全　　　長	34.75m
打上時重量	161.7t
段　　　数	3
燃焼方式	液体燃料
積載可能重量	低軌道：3.1t
打 上 衛 星	多数の軍事偵察・通信・科学衛星

タイタンⅢ4D基本性能	
全　　　長	41.48m
打上時重量	706t
段　　　数	3
燃焼方式	液体燃料
積載可能重量	低軌道：14.5t
打 上 衛 星	多数の軍事偵察・通信・科学衛星

トのなかではもっとも多く使用されたロケットです。現在までに約270基が使用され、95％の成功率を誇っています。

タイタンⅢCは、タイタンⅢAに大型の固体燃料補助ロケットブースターを加えたもので、打ち上げ時の推力を

（写真：U.S. Air Force）

タイタンⅢロケットの3段目として開発されたトランステージロケット

1964年9月、初めて打ち上げられたタイタンⅢAロケット。トランステージロケットの不調により軌道投入には失敗した

強力にし、より重い人工衛星を打ち上げるために開発されたロケットです。1965年から1982年にかけて36回打ち上げられました。タイタンⅢCから3段目のトランステージロケットを外したものがタイタンⅢDで、低軌道へ軍事偵察衛星を投入するために開発され、1971年から1982年の間に22回打ち上げられました。

　タイタンⅢEは、タイタンⅢCの3段目を**セントールロケット**に変更したものです。1975年に火星探査機バイキング1・2号を、続いて1977年に惑星探査機ボイジャー1・2号を打ち上げることに成功しました。

たくさんのロケット発射場が並ぶフロリダ州のケープ・カナベラル空軍基地。数多くのタイタンロケットもすべてここから打ち上げられた

第3章 成熟期のロケット

(左ページとも写真：NASA)

バイキング1号を火星に送るタイタンⅢE

タイタンⅢシリーズのなかでもっとも重量級だったロケットがタイタンⅢ4Dです。3段目に慣性上段ロケットと呼ばれる2段式の固体燃料ロケットを搭載したタイタンⅢ4Dは、その重量が706tとなり、タイタンⅢAの重量161.7tと比べるとはるかに重くなっています。

プロトン（ソ連およびロシア・1965年）

ソ連（現ロシア）のロケットの多くがそうであるように、**プロトン**ロケットも、強力な大陸間弾道ミサイルとして開発されましたが、12tもの重量がある宇宙線観測衛星プロトンを打ち上げるためにロケットとして転用されたことにより、プロトンロケットと名づけられました。1965年7月に打ち上げに成功した初期型のプロトンは、R-7ロケットと同様に、1段目がクラスター化されていますが、6基のエンジンが取り囲む本体は、酸化剤のタンクでエンジンは装備されていません。その1段目の上に4基のエンジンをもつ2段目が載っています。

プロトンは、大きな推力を生かしてプロトン衛星を打ち上げただけではありません。

プロトンM基本性能	
全　　長	53m
打上時重量	712.8t
段　　数	3～4
燃焼方式	液体燃料
積載可能重量	低軌道：22t 静止トランスファ軌道：5.5t
打上衛星	宇宙ステーションなど多数

プロトンロケットで打ち上げるために開発されたプロトン衛星　　（写真：Yuriy Lapitskiy）

第3章 成熟期のロケット

（写真：NASA）

1998年11月、ISSの最初のモジュールとなるザーリャモジュールを
搭載して打ち上げられたプロトンロケット

宇宙ステーションの建設や大型惑星探査機の打ち上げにも利用されるようになったため、推力をより強力なものにするなどの改良が加えられ、初期型に3段目を加えたプロトンKから**プロトンM**へと進化していきました。また必要に応じて4段目が加えられます。現在使われているプロトンMは2001年4月に打ち上げられて以降、これまでに60回を超える打ち上げが行われ、高い成功率を誇っています。

　ソ連の宇宙開発の大きな目的は、宇宙ステーションの活用にありました。プロトンをもつソ連は、1971年に世界で初めて宇宙ステーション**サリュート1号**を打ち上げ、1986年2月には新たな宇宙ステーション**ミール**を打ち上げました。ミールは、1984年

1986年2月、プロトンロケットで運ばれた史上初の長期滞在型宇宙ステーションミール。北海道苫小牧市の科学センターには世界で唯一の実機が展示されている

にアメリカが世界に呼びかけた宇宙ステーション計画を先取り実現したもので、ユニットをつなげていくことで、居住空間を広くすることができました。アメリカが惑星探査などで派手な成果を上げる一方で、ソ連はミールを使って無重力空間における人体の生理学的な調査結果を膨大に得るなどして、人類の宇宙進出に欠かせないデータを収集しました。1991年12月のソ連崩壊によって運用の危機に陥ったミールですが、1998年まで運用され、現在の国際宇宙ステーション（ISS）に発展していきました。

　一方、プロトンは冷戦の崩壊によって新たな活躍の場を得ました。すなわち、アメリカとロシアが合弁会社を設立し、プロトンによるロケットの打ち上げを事業化したのです。バイコヌール宇

（左ページとも写真：NASA）

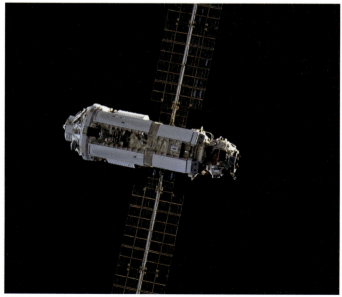

プロトンロケットで打ち上げられたザーリャモジュールをスペースシャトルから見る。ザーリャを基点としてISSの建設が始まった

宙基地から打ち上げられるプロトンの高い成功率や安い打ち上げコストを武器として、大型人工衛星の打ち上げに大いに活躍しています。

ソユーズ（ソ連およびロシア・1966年）

　ロシアの宇宙開発でもっともよく耳にする名前が**ソユーズ**です。ところがまぎらわしいことに、ソユーズという名前はロケットにも宇宙船にも使われているため、ソユーズで打ち上げたといえばロケットを、ソユーズに乗ってといえば宇宙船を指します。

　ソユーズはこれまでにつくられた世界中のすべてのロケットのなかで、もっとも安全で信頼性の高いロケットです。これまでに1800回に迫る回数の打ち上げが行われていますが、開発初期を除けばほとんどの打ち上げに成功しています。世界のロケットのなかで、一般人を乗せた商業用飛行が行われたのはソユーズだけです。1990年12月には、ソユーズによって日本の放送局、TBSの記者であった秋山豊寛氏が日本人として初めて宇宙空間へ向かい、宇宙ステーションミールから実況中継を行いました。

　ソユーズが非常に信頼性の高いロケットである理由は、1段目と2段目にR-7ロケット（p.29）を使用しているからです。

ソユーズU基本性能	
全　　　長	51.1m
打上時重量	313t
段　　　数	2〜3
燃焼方式	液体燃料
積載可能重量	低軌道：6.9t
打上衛星	ソユーズ宇宙船など多くの人工衛星

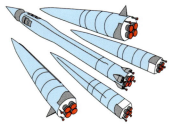

ソユーズロケットの1段目（中央）と、それを取り巻く4本の2段目

第3章　成熟期のロケット

（写真：NASA）

2009年9月、ISSへ向けてカザフスタンのバイコヌール宇宙基地から飛び立つソユーズFGロケット

2010年4月、ロシアとアメリカの宇宙飛行士をISSへ運ぶために整備塔をでるソユーズFGロケット

2011年12月、ロシアとアメリカ、欧州の宇宙飛行士をISSへ運ぶために列車で射場に向かうソユーズFGロケット

（左ページとも写真：NASA）

ソユーズロケットは専用列車に積載されてバイコヌール宇宙基地の射場へ向かう

打ち上げが迫る射場でリフトによって立ち上がっていく姿を関係者が見つめる

射場で最終段階に入ったソユーズロケット

最終段階が終了し打ち上げを待つばかり

フェアリングに格納されるソユーズ宇宙船

スペースシャトルから見るソユーズ宇宙船

　ソユーズロケットは、ボストークなどと同様にR-7ロケットから派生したもので、新たに開発されたロケットではないのです。これはソ連やロシアの宇宙開発に基本的に見られる考え方で、目的に応じて新たなロケットを開発するのではなく、既存のロケットに改良を加えて新たな用途に合ったロケットにしていこうという、経済性を考慮した合理的な考え方によるものです。
　ボストーク計画によって1人乗り宇宙船の開発に成功したソ連

第3章 成熟期のロケット

（左ページとも写真：NASA）

2012年7月、ISSに向かって打ち上げられたソユーズFGロケット。この中には日本の宇宙飛行士・星出彰彦氏もロシアとアメリカの宇宙飛行士とともに搭乗している

（現ロシア）は、続いて2〜3人乗りのボスホート宇宙船を開発し、打ち上げました。その結果、複数の人間を宇宙に送るにはもう少し大きな宇宙船が必要ということになり、計画されたのがソユーズ宇宙船です。ソユーズ宇宙船を開発するにあたっては、月への有人飛行も予定されましたが、アメリカのアポロ計画に先を越されたソ連は、ソユーズによって地球周辺の宇宙開発や宇宙ステーション建設に精力を傾けることになっていきます。

そのソユーズ宇宙船を打ち上げるために開発されたのが、R-7ロケットの派生型である**ソユーズU**ロケットです。1973年5月に軍事偵察衛星を搭載して初めて打ち上げられ、1974年12月にはソユーズ宇宙船に宇宙飛行士を乗せた初めての有人飛行を行いました。その後ソユーズUからは、燃料を高性能なものに替えて性能を向上させたソユーズU2やソユーズFGなどの派生型ロケットが誕生しており、そのすべてが目的に応じて現在でも使用され

ています。

　R-7ロケットに代表される、ソ連やロシアのロケットに共通したスタイルであるクラスター化された末広がりの形状は、独特の打ち上げ方法を誕生させました。それを**チューリップ発射方式**と呼びます。

　4基のロケットが取りつけられた1段目と2段目は、単独ではすべての重量を支えることができません。そこで打ち上げ時には周囲から支柱で支えることになりますが、エンジンが点火され、エンジン出力がロケットの重量を支えられるようになったところで、支柱はロケットから離されます。その姿がチューリップに似ているため、チューリップ発射方式と呼ばれています。この打ち上げ方法を採用している国はほかにはありません。

N-1 (ソ連（現ロシア）・1969年)

　アメリカとソ連が宇宙開発競争を繰り広げた1950〜60年代、一歩リードしたソ連が月や火星への有人飛行、宇宙ステーションなどのためにつくろうとしたロケットがN-1ロケットで、1956年に開発が始まりました。1961年、アメリカが月へ人間を送ることを目指すと発表してアポロ計画をスタートさせると、ソ連はさっそくそれに対抗するため、N-1ロケットによる有人月面着陸を計画しました。

　しかし、低軌道による宇宙開発ではアメリカをリードしたソ連でしたが、宇宙開発の規模がより大きくなり巨額な予算を要求されるものになると、両国の差は急速に

N-1基本性能	
全　　長	105m
打上時重量	2735t
段　　数	5
燃焼方式	液体燃料
積載可能重量	低軌道：75t
打上衛星	-

縮まっていきました。その結果、アメリカが1969年に月に人間を送ることに成功したのに対し、ソ連は1974年、月面探査計画を正式に中止しました。その背景には、N-1ロケットの開発が順調に進まず、失敗に終わったことがありました。

ソ連やロシアのロケットは、ソユーズロケットに見られるように、小さなエンジンを複数束ねるクラスターロケットが主流で、N-1ロケットの開発にあたってもクラスターロケット方式でのぞみました。しかし、N-1に要求される推力はそれまでのロケット

（写真：PD-RU-EXEMPT.）

30基ものエンジンをクラスター化させたN-1ロケット。そのエンジンを正常に燃焼させるための制御は非常に難しいものであった

クレーンで射場に立てられて打ち上げに備えるN-1ロケット

1段目のエンジンをクラスター化させているため、スカートをはいたような形状になるのがソ連のロケットの特徴である

とは比べものにならないくらい強力なものであったため、クラスター化されるロケットの数が非常に多くなり、1段目にはなんと30基のエンジンが使われることになりました。アメリカのサターンVロケットの1段目が5基のエンジンを装備したのと比べると、そのエンジンの数の多さに驚きます。

N-1ロケットは1969年から1972年までの間に4回打ち上げられましたが、結局、1段目の30基のエンジンの燃焼を制御することができず、すべて1段目の分離までを行うことができずに失敗に終わってしまいました。こうして、1974年にN-1ロケットの計画は放棄されました。

長征1〜4号 (中国・1970年)

第二次世界大戦に引き続いて戦われた朝鮮戦争(1950年6月〜1953年7月)において、北朝鮮(朝鮮民主主義人民共和国)を支援するために参戦した中国は、アメリカの核ミサイルの脅威に直面することになりました。その結果、中国は、みずからの安全保障には核兵器とそれを運搬するミサイルが不可欠である、との信念をもつに至ります。当初、ソ連(現ロシア)の技術援助によってスタートした中国の弾道ミサイル開発は、その後、ソ連とも政治的な対立を深めたため、独自開発を余儀なくされました。

長征1号基本性能	
全　長	30m
打上時重量	82t
段　数	3
燃焼方式	液体燃料
積載可能重量	低軌道：300kg
打上衛星	―

長征3号B基本性能	
全　長	55m
打上時重量	345t
段　数	3
燃焼方式	液体燃料
積載可能重量	低軌道：12t 静止トランスファ軌道：5.2t
打上衛星	―

第3章 成熟期のロケット

2003年10月、中国内陸部にある酒泉ロケット発射センターから打ち上げられた長征2号Fロケット。有人宇宙飛行船神舟5号を搭載している

東方紅1号。地球を周回中は当時の中国国歌「東方紅」を発信し続けた

宇宙船神舟5号の構成

そして、中距離弾道ミサイル東風シリーズを足がかりに、それを発展させた大型3段式ロケット**長征**（ちょうせい）（英語名＝Long March）を開発し、1970年4月、初めての人工衛星**東方紅1号**（とうほうこう）を打ち上げることに成功しました。

この成功により、中国は日本に遅れること2カ月で、世界で5番目の人工衛星打ち上げ国となりました。日本のおおすみが24kgであったのに対して、東方紅1号は173kgと圧倒的な重量を誇りましたが、それは長征ロケットの打ち上げ能力を遺憾なく示すものでした。また中国は、月を巡るアメリカとソ連の開発競争を見るにつけ、国家の威信のために独自の有人宇宙計画もスタートさせました。

日本の宇宙開発は、ともすればアメリカのスペースシャトルや国際宇宙ステーション計画の遅れに大きな影響を受けがちでしたが、独自の道を歩む中国は、これまで有人宇宙飛行から月探査衛星、惑星探査へと、着実に歩みを進めているように見えます。

1号からスタートした長征ロケットの開発は、打ち上げ能力の向上とともに2号から3号、4号と進んでいき、2003年10月には長征2号によって有人宇宙船**神舟5号**（しんしゅう）の打ち上げに成功しました。これによって、中国はロシア、アメリカに次ぐ世界で3番目の有人宇宙飛行成功国となりました。

2007年10月には長征3号Aが**嫦娥1号**（じょうが）という探査衛星を月に送ります。これまで中国のロケット開発が順調に行われた裏には、そのカギを握る人物がいました。**銭学森**（せんがくしん）（1911〜2009年）がその人で、1935年に公費留学生としてアメリカに渡り、マサチューセッツ工科大学に入学した銭はその後、弾道ミサイルについての研究を重ね、その道の第一人者になりました。

NASAの研究機関であるジェット推進研究所の共同設立者で

四川省の西昌宇宙センターから月面探査機嫦娥1号を搭載して打ち上げられた長征3Aロケット。中国の月探査計画はその後も順調に進み、2018年12月には、月の裏面へ着陸し観測する嫦娥4号が打ち上げられた

もありましたが、当時アメリカで吹き荒れた赤狩りで共産主義者とされ、逮捕・監禁されました。朝鮮戦争後、米軍捕虜との交換によって中国に引き渡され、母国へ帰った銭は中国科学院力学研究所の所長となり、中国の宇宙開発をリードしていくことになります。

アリアン1〜4（欧州・1979年）

アリアンロケットは、ESA加盟国の技術を結集して開発され、1979年12月に初の打ち上げに成功しましたが、その開発費の約6割をフランスが負担しています。中南米の赤道間近にある仏領ギアナで、フランスが管理する**ギアナ宇宙センター**から打ち上げられました。

アリアン1基本性能

全　　　長	46m
打上時重量	210t
段　　　数	3
燃焼方式	液体燃料
積載可能重量	静止トランスファ軌道：1.9t
打上衛星	ハレー彗星探査機ジオットなど多数

(写真：ESA)

2003年2月、最後の打ち上げとなったアリアン4は、1988年6月から113回の打ち上げに成功し、158基の人工衛星を宇宙へ送った

ESAの打ち上げるアリアンは、このギアナ宇宙センターから宇宙へ向かいます。ロシア、アメリカに次いで世界で3番目の人工衛星打ち上げ国であるフランスは、ESAを積極的にリードし、その本部もパリに置いています。

1979年の打ち上げ以来、アリアンの打ち上げ能力を向上させる改良が重ねられ、エンジン推力の増強、補助固体燃料ロケットや液体燃料ロケットの追加を行うなど、アリアンはアリアン1からアリアン2、アリアン3、アリアン4へと進化していきました。

その結果、アリアン1では静止軌道への投入能力が2t弱であったものが、アリアン4では約5tにまで増強されました。

このアリアンによって、商業衛星打ち上げ市場を開拓するべくESAが設立したのが、**アリアンスペース社**です。すぐれたアリアンロケットと欧州各国の営業努力によって、**アリアン4**は世界のロケットのなかで、商業衛星の打ち上げにもっとも利用される成功したロケットといえるでしょう。

その安定した打ち上げ実績により、アリアン4は目的に応じてさまざまなバリエーションがつくられ、1988年6月の打ち上げから引退する2003年までに100回以上打ち上げられ、その成功率は97％に達しています。

SLV/ASLV（インド・1980年）

私たちがロケットや人工衛星などの打ち上げ技術、宇宙開発についての国際比較を考えるとき、その歴史からしてもアメリカとロシアに目を向け、次いで欧州を見るでしょう。日本自体の順位としては、欧州と並んでいると思うかもしれません。しかし残念なことに、中国が有人宇宙飛行を成功させた時点で、中国には抜

SLV基本性能	
全　　　長	22m
打上時重量	17t
段　　　数	4
燃 焼 方 式	固体燃料
積載可能重量	低軌道：40kg
打 上 衛 星	試験衛星

ASLV基本性能	
全　　　長	24m
打上時重量	41t
段　　　数	5
燃 焼 方 式	固体燃料
積載可能重量	低軌道：150kg
打 上 衛 星	試験衛星

左：1980年7月、インドが初めて打ち上げに成功したSLVロケット。40kgのペイロードを打ち上げることに成功した
右：SLVロケットの後継機であるASLVロケット。インドが独自に開発したロヒニ衛星を4基打ち上げた

かれたと考えなければなりません。では、インドに対してはどうかというと、現在のところ肩を並べており、近い将来抜かれると予想されています。

　その理由としては、宇宙開発にかける予算の大きさにあります。インドの宇宙開発予算は日本よりわずかに少ないのですが、インドの物価水準が日本よりはるかに低いことを考えれば、人件費など、実際には日本よりも豊富な人材を雇用することが可能です。また、小学校で2桁の九九を勉強するのを見てもわかるように、インドが理数系の教育に強いことは有名で、ロケット開発などの分野に適性をもつ人材が豊富にいます。

　インドは宇宙省という国家機関の下に**インド宇宙研究機関**を設け、宇宙開発についての明確な国家目標を設定して開発を進めており、宇宙開発予算も年々増やし続けています。一方、日本の宇

宙開発予算は1999年以降、減少傾向が続いているのです。

そのようなインドは、1970年代にはすでに宇宙開発に乗りだしており、1980年7月に初めて**SLV**（Satellite Launch Vehicle）ロケットの打ち上げに成功しました。その後、SLVは1983年までに数回打ち上げられ、1987年には、改良型の**ASLV**ロケットに進化していきます。ASLVの開発によって、低軌道ばかりでなく静止トランスファ軌道への人工衛星投入も視野に入れるなど、インドは着実にロケット打ち上げ技術を伸ばしています。

ゼニット（ウクライナおよびロシア・1985年）

ウクライナは、1991年12月にソ連が崩壊するまでは連邦を構成する共和国の1つだったので、宇宙開発の分野でその名前を耳にすることは少ない国ですが、ソ連が行った宇宙開発の多くについてウクライナは大きな役割を果たしていました。その1つがロケット開発で、**ゼニット**ロケットはウクライナにあった人工衛星やロケットの開発部門である**ユージュノエ設計局**が開発したもので、1985年に初めて打ち上げられました。

ゼニットは、当時計画されていたエネルギア（→p.105）の1段目に加えられる補助ロケットとして使用されると同時に、単独で2段目を載せて人工衛星を打ち上げる能力をもつロケットとして開発されました。このときに開発されたRD-171というエンジンは、現在でも世界最高水準の推進力を誇っています。その信頼性や整備のしやすさなどから多くの派生型エ

ゼニット3SL基本性能	
全　　　長	60m
打上時重量	462t
段　　　数	3
燃 焼 方 式	液体燃料
積載可能重量	低軌道：6.1t 静止トランスファ軌道：6t
打 上 衛 星	多くの民間商用衛星

(写真：Sea Launch)

アメリカ、ロシア、ウクライナ、ノルウェーの企業が共同で設立したシーローンチ社は本社をアメリカ・カリフォルニア州のロングビーチに置いていた。オーシャン・オデッセイと呼ばれる東太平洋上の赤道直下にある移動式の打ち上げ基地から打ち上げられたゼニット3SLロケット

ンジンが誕生し、そのなかのRD-180はアメリカのアトラスⅢやⅤでも使用されています。

　ゼニットはその高い信頼性から、エネルギアの補助ロケットとしてばかりでなく、人工衛星打ち上げ用ロケットとしても多くのバリエーションが開発され、低軌道への打ち上げ用に**ゼニット2**

がつくられました。それはすぐに進化形のゼニット2Mへと替わっていきますが、より高い軌道への打ち上げを目指すために、3段式とした海上発射型のゼニット3SLや3M、3F、3LBなどが開発されています。

ゼニットは、その打ち上げコストの安さもあって、アメリカ、ロシア、ウクライナなどが設立した合弁企業**シーローンチ社**がロケット打ち上げビジネスに活用していましたが、2007年の打ち上げ失敗ののち経営破綻し、現在はロシア最大手の航空会社S7航空をもつ**S7グループ**の傘下に入っています。

タイタン 23G（アメリカ・1986年）

タイタン23Gは、1986年1月のスペースシャトル・チャレンジャー号の爆発事故により人工衛星打ち上げが頓挫してしまったためにつくられたロケットです。

ちょうどこの時期、ICBMとしての役割を解かれたタイタンⅡミサイルが退役を開始していたため、タイタンⅡを人工衛星打ち上げ用ロケットとして再利用しようとしたものです。2段目の上に人工衛星や3段目ロケットを取りつけられるような改修が加えられたほかは大きな変更はありませんでしたが、1988年から2003年までの間に13回の打ち上げが行われ、1回を除き成功しました。1994年1月には、月の極周回軌道を回って月の南極に水が存在する可能性を示す観測結果を得た、月探査衛星**クレメンタイン**を打ち上げました。

タイタン23G基本性能	
全　　　長	31m
打上時重量	117t
段　　　数	2～3
燃焼方式	液体燃料
積載可能重量	低軌道：3.6t
打上衛星	多数の通信・放送・科学衛星

(写真：U.S. Air Force)

1998年5月、気象観測衛星を搭載して打ち上げられたタイタン23Gロケット

第3章 成熟期のロケット

エネルギア（ソ連（現ロシア）・1987年）

　アメリカがスペースシャトルを開発し、1981年4月に初飛行に成功すると、ソ連も宇宙往還機の開発を目指して**ブラン**と呼ばれる宇宙往還機を完成させました。**エネルギア**はそのブランを打ち上げるために開発された大型ロケットです。本体に4基のエンジンをもつだけでなく、その周囲に別の4基の液体燃料補助ロケットを装備したロケットで、アメリカのサターンVロケットに匹敵するパワーをもつ大型ロケットでした。

　1987年5月に初めて軍事衛星を載せて打ち上げられ、衛星の軌道投入には失敗し

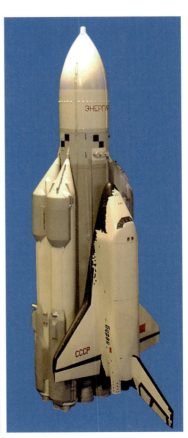

2002年、ドイツのフランクフルトで開かれた展示会で公開されたエネルギアとブラン宇宙船の模型。形状などはアメリカのスペースシャトルとよく似ているが、ブランにはメインエンジンがないなど軽量化を図り、より安全で容易な運用を図った

エネルギア基本性能	
全　　　長	97m
打上時重量	2524.6t
段　　　数	2
燃 焼 方 式	液体燃料
積載可能重量	低軌道：100t 静止トランスファ軌道：22t
打 上 衛 星	ブラン

105

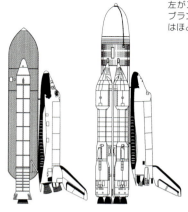

左がスペースシャトルで右がエネルギア・ブランである。宇宙船そのものの大きさはほとんど変わらない

たものの、エネルギアの打ち上げには成功しました。そして1988年11月、バイコヌール宇宙基地から無人のブランを載せて打ち上げられ、ブランの軌道投入に成功しました。

　エネルギアがほかのロケットと大きく異なるところは、通常のロケットは人工衛星を頭上に載せるのに対して、エネルギアはその背中に人工衛星を背負うという点です。

　背負われるブランはアメリカのスペースシャトルにそっくりでしたが、そのシステムは大きく異なります。スペースシャトルが機体の下に巨大な燃料タンクを搭載して、みずからのエンジンで飛ぶのに対し、ブランは大気圏への再突入時に使用する逆噴射用の小さなエンジンしかもっていませんでした。しかし、そのためにブランはより多くの積載スペースをもつことができましたし、軽いために地上への帰還もスペースシャトルよりも安全性の高いものにできました。

　エネルギアとブランの開発には膨大な予算が注ぎ込まれましたが、それがソ連の財政を大きく逼迫させ、連邦の崩壊を加速させたとの指摘もあります。有人によるブランの打ち上げも計画されていましたが、1991年にソ連が崩壊したことにより、エネルギアは2回打ち上げられただけで、生産が中止されました。

タイタンⅣ（アメリカ・1989年）

スペースシャトル（→p.158）の爆発事故によって人工衛星を宇宙へ送る手段を失ったアメリカは、アトラスやタイタンなど、退役を間近に控えた大陸間弾道ミサイル（ICBM）を利用して、いくつかの人工衛星打ち上げ用ロケットを開発しました。そのなかでも最大のロケットが**タイタンⅣ**です。スペースシャトルが運んでいた人工衛星のなかで、もっとも大きなものを打ち上げることができるロケットとして開発されました。

タイタンⅣは基本的にはタイタンⅢ4Dの進化形で、1段目に2本の固体燃料補助ロケットを加えるスタイルです。重量は706tから943tへと240t近くも重くなり、低軌道への運搬能力も14.5tから21.7tへと大幅にパワーアップが図られています。1989年6月から2005年10月までの間に、初期型のⅣAと改良型のⅣBが合計39回打ち上げられ、35回成功しています。

タイタンⅣは、人間を月に送ったアポロ計画で使用されたサターンⅤが退役してからはアメリカ最大の打ち上げロケットでしたが、高額の打ち上げコストなどの観点から2005年に退役しました。1997年10月には土星探査機**カッシーニ**を土星に送ることに成功しています。

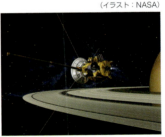

（イラスト：NASA）

1997年10月、タイタンⅣBロケットで土星に運ばれた探査機カッシーニ

タイタンⅣ基本性能

全　　長	44m
打上時重量	943t
段　　数	3〜5
燃焼方式	液体燃料
積載可能重量	低軌道：21.7t 静止トランスファ軌道：5.76t
打上衛星	多数の軍事偵察・通信・科学衛星

(写真:U.S. Air Force)

2004年2月、早期警戒衛星を打ち上げたタイタンⅣBロケット

デルタⅡ/Ⅲ （アメリカ・1989年）

　1980年代に入り、スペースシャトルが順調に運用されるようになると、アメリカはロケットによる人工衛星の打ち上げをすべて中止したのでデルタロケットも生産中止となり、いったんは姿を消しました。

　しかし、スペースシャトルの爆発事故によって人工衛星の運搬手段を失ったアメリカは、デルタロケットを復活させ、改良型である**デルタⅡ**を開発し、1989年から運用を再開しました。アトラス、タイタンと並んでアメリカを代表するロケットですが、3つのなかではもっとも小型で軽量です。

　当時、GPS（グローバル・ポジショニング・システム）の構築を目指していたアメリカ軍が、その完成を急ぐためにスペースシャトルに代わる打ち上げ手段を早急につくる必要に迫られたという事情もあったデルタⅡですが、初代のデルタと同様に4桁の番号で区別しなければならないほど非常に多く打ち上げられました。アメリカのロケットのなかでももっとも高い信頼性を獲得し、100回連続で打ち上げに成功した実績を残しています。1段目の能力によって6000シリーズと7000シリーズがあり、7000シリーズは2018年9月まで使用されていました。

デルタⅡ基本性能	
全　　　長	39m
打上時重量	151〜232t
段　　　数	2〜3
燃焼方式	液体燃料 固体燃料（3段目）
積載可能重量	低軌道：2.7〜6.1t 静止トランスファ軌道：0.9〜2.2t
打上衛星	多数の科学観測衛星

デルタⅢ基本性能	
全　　　長	39m
打上時重量	301.5t
段　　　数	2
燃焼方式	液体燃料
積載可能重量	低軌道：8.3t 静止トランスファ軌道：3.8t
打上衛星	

2007年9月、火星と木星の間にある小惑星帯を目指す小惑星探査機ドーンを打ち上げるデルタⅡロケット

デルタⅡロケットが宇宙に運んだ探査機たち

(左ページとも写真・イラスト：NASA)

火星を探査するオポチュニティ

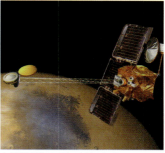
火星探査機マーズ・オデッセイ

火星の北極周辺を探査するフェニックス

彗星探査機ディープ・インパクト

水星探査機メッセンジャー

火星探査機マーズ・グローバル・
サーベイヤー

1段目に固体燃料補助ロケットブースターを9基まで加えることができるなど、使い勝手がよかったためか、NASAもよく活用し、火星探査機を中心に、非常に多くの科学観測衛星を宇宙へ送りました。

　しかし、より重い人工衛星がどんどん登場してくる状況のなかで、デルタⅡでは力不足が目立つようになってきました。そこで開発されたのが**デルタⅢ**です。デルタⅢは、特にデルタⅡの2段目を強力なロケットに変更しました。その結果、直径が2.4mから4mへと太くなり、補助ロケットも大型化されたため、デルタⅡよりもかなり太いロケットになりました。

　これによって静止軌道への運搬能力を倍増させたデルタⅢでしたが、1998年8月の初めての打ち上げに失敗し、続く1999年5月の打ち上げにも失敗したため、人工衛星を打ち上げようとする利用者側の信頼を獲得することができず、2000年8月の試験的な打ち上げを最後に引退し、新たに設計された**デルタⅣ**にその席をゆずることになりました。

アトラスⅠ/Ⅱ/Ⅲ （アメリカ・1990年）

　爆発事故によって、スペースシャトルの運用が中断されると、人口衛星の打ち上げ手段を失ったアメリカは打ち上げロケットの開発を急ぎ、退役していたアトラスの能力を向上させた新たなアトラスロケットを開発しました。それが**アトラスⅠ/Ⅱ/Ⅲ**です。

　アトラスⅠ/Ⅱはマーキュリー計画で使用されたアトラスロケットを1段目とし、その上に世界で初めて開発された液体水素と液体酸素を燃料とするセントールロケットを2段目、3段目として重ねて使用しようというものでした。

第3章 成熟期のロケット

(写真：U.S. Air Force)

2000年12月、ケープ・カナベラルから打ち上げられたアトラスⅡASロケット

アトラスⅠ基本性能	
全　　　長	43.9m
打上時重量	164.3t
段　　　数	2.5
燃焼方式	液体燃料
積載可能重量	静止トランスファ軌道：2.2t
打上衛星	多数の通信・放送・科学衛星

アトラスⅡ基本性能	
全　　　長	47.5m
打上時重量	204.3t
段　　　数	3.5
燃焼方式	液体燃料
積載可能重量	低軌道：6.58t 静止トランスファ軌道：2.81t
打上衛星	多数の通信・放送・科学衛星

(写真：U.S. Air Force)

2000年5月、打ち上げられたアトラスⅢロケット

第3章 成熟期のロケット

(写真：NASA)

アトラスⅢ基本性能	
全 長	52.8m
打上時重量	214.3t
段 数	2
燃焼方式	液体燃料
積載可能重量	低軌道：8.64t (A) 10.22t (B) 静止トランスファ軌道： 4.05t (A)、4.5t (B)
打上衛星	多数の通信・放送・科学衛星

アトラスⅢBロケットの2段目であるセントールロケット

セントールロケット用に開発されたRL-10エンジンの調整に取り組むスタッフ

セントールロケットは全長が13m、直径が3mの非常にすぐれたロケットで、エンジンの点火・消火・再点火を自由に行うことができたため、これによってアトラスⅠ/Ⅱの人工衛星打ち上げ能力は大きく向上しました。

　特にアトラスⅠを長く改良して推力を増強させたアトラスⅡは、1991年12月から2004年8月までの間に63回打ち上げられ、そのすべてを成功させました。アトラスⅡはその間、メインエンジンに改良を加えたアトラスⅡAと、それにさらに固体燃料補助ロケット4基を加えたアトラスⅡASが開発され、静止軌道への打ち上げ能力が2.8tから3.7tに増強されました。1995年12月にアトラスⅡASで打ち上げられたのが、現在でも運用されている太陽観測衛星SOHOです。

1.5段方式を捨ててさらに強力になったアトラスⅢ

　アトラスⅡが活躍するのと並行して開発されたロケットがアトラスⅢです。アトラスⅠ/Ⅱでは、1段目エンジンを3基並列させて使用し、左右の2基を上昇中に切り離す1.5段方式でしたが、アトラスⅢはそれを変更して2段式にしました。2000年5月に初めて打ち上げられ、欧州の通信衛星を静止軌道に送りました。

　アトラスⅢの1段目にはロシア製のRD-180と呼ばれるエンジンが使われています。かつてライバルとして激しく争った両国が、現在では宇宙開発という最先端技術分野で経済的・技術的な協力関係にあることは、興味深いことです。アトラスⅢは2段目にセントールロケットを載せていますが、そのエンジンを1基で使用するのがアトラスⅢAで、エンジンを双発にしてより強力にしたものがアトラスⅢBです。アトラスⅢは2005年2月までに6回打ち上げられましたが、そのすべてに成功しています。

ロコット (ロシア・1990年)

　ソ連（現ロシア）の大陸間弾道ミサイルを転用して再利用したのが**ロコット**ロケットです。ミサイルは2段式ですが、ロコットはその上に3段目を載せ、その上に人工衛星などを搭載しています。1990年11月に初めて打ち上げられ、弾道飛行に成功したロコットは、1994年12月、人工衛星の投入にも成功しました。

　3段目ロケットであるブリーズ-Kは、プロトンなどの上段でも使われている、ミサイルとは別に開発されたロケットですが、使用している推進剤が混ぜるだけで燃焼するものなので、何度でも点火と消火を繰り返せるため、人工衛星を正しく軌道に投入するためにすぐれた性能を発揮しています。

　ロシアは連邦崩壊後の経済危機に対応するため、重要な資産であるミサイルやロケット、あるいはその打ち上げ技術を商業的に活用する方策を探りました。その一環として1995年に、ドイツの大手航空・宇宙企業との提携によって**ユーロコット社**という合弁企業を設立しました。

　ユーロコット社は、ロコットで低軌道へ人工衛星を打ち上げることをおもなビジネスとしており、これまでに多くの人工衛星を打ち上げてきました。2005年10月に打ち上げに失敗し、その原因を究明するために1年間、打ち上げを休止したほかは、1度の失敗を除き順調に成功を重ねています。2003年10月と2010年6月には、日本の技術試験衛星もロコットで打ち上げられています。

ロコット基本性能	
全　　　長	29m
打上時重量	107t
段　　　数	3
燃 焼 方 式	液体燃料
積載可能重量	低軌道：1950kg 太陽同期軌道：1000kg
打 上 衛 星	多数の民間衛星と軍事衛星

ロコットの構造

(写真:Eurockot)

ユーロコット社はドイツとロシアの合弁企業として1995年に設立された、低軌道へ人工衛星を打ち上げることを目的とした企業である。ロシアのプレセツク宇宙基地にはユーロコット社のロコット専用の射場が用意されている

- フェアリング
- ブリーズ-K
- 2段目
- 1段目

大陸間弾道ミサイルRS-18 (SS-19) のものを流用している

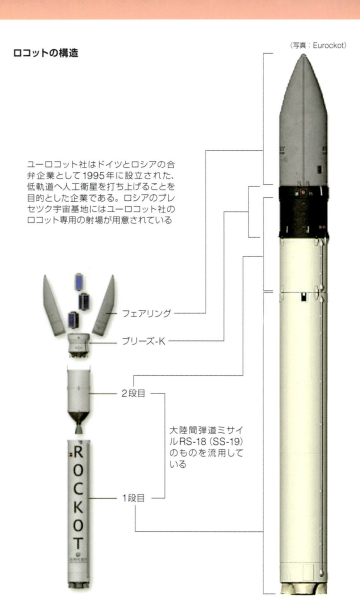

第3章 成熟期のロケット

PSLV/GSLV (インド・1993年/2001年)

　SLVからASLVでロケット打ち上げ技術を磨き上げたインドが、次に開発したのがPSLVロケットです。PSLVは、静止トランスファ軌道や太陽同期軌道へ人工衛星を打ち上げることを意識し、人工衛星打ち上げビジネスでの国際的な成功を目指して開発されたロケットです。1993年9月の失敗のあと、1994年10月、打ち上げに初めて成功しました。

　1段目の周囲には固体燃料補助ロケットブースターが6基取りつけられています。PSLVには、補助ロケットブースターを取り払ってより軽量の人工衛星を打ち上げるために開発されたPSLV-CAと、補助ロケットブースターをより強力にして打ち上げ能力を増強したPSLV-XLという2基のバリエーションがあります。2008年10月、インドは独自に開発した月探査衛星**チャンドラヤーン1号**を月に送ることに成功しましたが、チャンドラヤーン1号を打ち上げたのがPSLV-XLです（観測機器のなかにはNASAやESAから提供されたものもある）。

　PSLVの2段目には液体燃料エンジンが使われています。このエンジンは、欧州のアリアンロケットで使用されたバイキングエンジンを自国でライセンス生産したもので、このエンジンが唯一独自開発ではないものです。

　1994年、1996年と続いた実証飛行によって自信を深めたインドは、1999年5月の打ち上げから本格的に国際ロケット市場に参入していきます。これまでに40回の打ち上げが行われ、成功率は95%

PSLV基本性能	
全　　　長	約40m
打上時重量	約220t
段　　　数	4
燃焼方式	1、3段目：固体燃料 2、4段目：液体燃料
積載可能重量	太陽同期軌道：1.6t 静止トランスファ軌道：1t
打上衛星	多くの民間商用衛星

(写真：NASA)

PSLVロケットはインドが人工衛星を極軌道や静止トランスファ軌道などへ投入するために開発されたロケットである

に達しています。

　GSLVはPSLVをベースに開発されていますが、1段目に取りつけられている補助ロケットブースターを、より推進力の強い液体燃料のロケットに代えています。この液体燃料補助ロケットブースターは、PSLVでも使われていた第2段ロケットを改良したものです。また3段目では、ロシア製の液体燃料エンジンを使

第3章 成熟期のロケット

(写真:Johnxxx9)

基本性能(GSLV MkⅢ)	
全　　　長	43.4m
打上時重量	640t
段　　　数	3
燃焼方式	液体燃料 固体燃料(補助ロケット)
積載可能重量	低軌道:10t 静止トランスファ軌道:4t
打上衛星	―

インドが開発した大型ロケットGSLV MkⅢの模型。当初は2014年に打ち上げを予定していたが計画が遅れ、2017年6月に衛星軌道への打ち上げに成功した

用していましたが、アメリカから圧力がかかったため、GSLV Mk Ⅱでは新たに独自開発したエンジンを使用したものに替えるなど、大幅な改良が加えられました。

2001年4月に初めて打ち上げられましたが、部分的な失敗を含めて問題が多く、そのため、大型衛星打ち上げビジネスに参入できずにいました。ただ、より大型の人工衛星を打ち上げるためのロケットの開発が継続して行われ、完成したのがGSLV Mk Ⅲです。技術的にはそれまでのGSLVの後継機ですが、細部に至るまで新たに開発されたものです。2014年の試験飛行に次いで、2017年6月に打ち上げに成功し、通信衛星を軌道に送りました。

GSLV Mk Ⅲの成功によってインドは、静止軌道へ4tのペイロードを送ることができることになりました。

H-Ⅱ/H-ⅡA （日本・1994年/2001年）

H-Ⅱは1段目・2段目ともに液体燃料エンジンという組み合わせのロケットになりましたが、その開発費用は、たとえば欧州のアリアン5ロケットと比べると、その3分の1以下の約2700億円ですませることができました。

H-Ⅱをもった日本は、衛星打ち上げビジネスに参加しようとしますが、急激な円高の影響もあって、打ち上げコストが国際標準の2倍近い価格となってしまい、国際競争力をもつことができませんでした。そこで次に模索されたのが打ち上げコストの低減化で、その結果完成したのがH-ⅡAロケットです。

H-ⅡAは、H-Ⅱの数百万点におよぶ部材の徹底した点検や再設計、構造の簡素化などによって、円高などで

すべて国産の技術でつくり上げられ、1996年8月17日に打ち上げられたH-Ⅱ4号機。同機は地球観測衛星みどりと小型衛星ふじ3号の2基の衛星を同時に打ち上げた

失われかねない日本の国際競争力を高い水準に保つために、血のにじむようなコストカットが図られたロケットです。その結果、H-Ⅱでは140億〜190億円であった打ち上げ費用を、85億〜120億円と大幅に引き下げることができました。またその過程

H-Ⅱ基本性能	
全　　長	50m
打上時重量	260t
段　　数	2
燃焼方式	液体燃料
積載可能重量	低軌道：10t 静止トランスファ軌道：3.8t
打上衛星	りゅうせい（1号機・試験機） きく6号（2号機・試験機） SFU、ひまわり5号（3号機・試験機） みどり（4号機） かけはし（5号機・一部失敗） TRMM、きく7号（6号機） MTSAT（8号機・失敗）

では、打ち上げに失敗したH-Ⅱの5号機と8号機の原因究明から、打ち上げの信頼性を向上させる改良も行われました。

　こうして2001年8月、H-ⅡA1号試験機が打ち上げられ、2003年3月の5号機までは順調に打ち上げ実績を積み重ねていきました。しかし、2003年11月に打ち上げられた6号機は、1段目に外装された固体燃料補助ロケットブースター分離に失敗します。

（左ページとも写真：JAXA）

1998年2月21日に打ち上げられたH-Ⅱ5号機。発射の準備を整え、整備塔から姿を現し、射場へ向かうところ

H-ⅡA基本性能	
全　　　長	53m
打上時重量	289t（ブースター2基）／445t（同4基）
段　　　数	2
燃 焼 方 式	液体燃料
積載可能重量	低軌道：10〜15t 静止トランスファ軌道：4〜6t
打 上 衛 星	性能確認用ペイロード（1号機・試験機） みどりⅡなど（4号機） ひまわり6号（7号機） だいち（8号機） かぐや（13号機） あかつき、IKAROSなど（17号機） みちびき（18号機）ほか

上：専用の大型トレーラーで射場へ運ばれるH-ⅡA21号機。2012年5月18日に打ち上げられた同機は、4基の衛星を同時に送りだした

左：2001年8月29日に性能試験用ペイロードを搭載して初めて打ち上げられたH-ⅡA1号機。打ち上げは計画どおりに成功した

右ページ：日本が世界に誇る大型ロケットH-ⅡAの勇姿。H-ⅡA18号機が2010年9月11日の打ち上げに備えて整備塔から射場へ移動するところ。準天頂衛星みちびきを静止トランスファ軌道へ送った

第3章 成熟期のロケット

(左ページとも写真:JAXA)

(写真：JAXA)

整備塔から射場へ、H-ⅡAロケットを背中に載せて運ぶ大型トレーラー

トレーラーに載せられて射場へ移動するH-ⅡA21号機

射場へ到着し、打ち上げが間近に迫るH-ⅡA18号機

結果、太平洋に落下しましたが、これは同年10月、それまで日本の宇宙開発をリードしてきた3組織（宇宙科学研究所・航空宇宙技術研究所・宇宙開発事業団）が**宇宙航空研究開発機構（JAXA）**に統合された直後のことでした。このほかにも打ち上げた衛星の故障など、JAXAの発足は不運にも暗雲が垂れ込めたものとなってしまいました。しかし打ち上げ失敗は6号機だけで、それ以外は現在に至るまですべての打ち上げに成功しており、成功率は97.9％と、他国のロケットに比べても十分に高い成功率を誇っています。

　現在は、打ち上げ費用の削減や静止軌道打ち上げ能力の増強、打ち上げ時の安全性の向上などを目指して、H-ⅡAの後継機となる**H3**が開発されており、2020年に打ち上げられる予定です。

アリアン5（欧州・1998年）

　欧州の宇宙開発を支え続けてきたアリアン1～4が順次改良を加えていったものであるのに対して、**アリアン5**は新規に開発されたロケットです。それまで3段式ロケットであったアリアンを2段式に変更し、1段目には2基の固体燃料補助ロケットが組み合わされています。

　開発の発端となったのは、アメリカのスペースシャトルの登場でした。欧州でも独自のスペースシャトルが必要である、との議論から、アリアン4よりも強力な打ち上げ能力が必要として、アリアン5専用の新しい**ヴァルカンエンジン**とともに開発されました。その後、欧州版スペースシャトル計画は中止となりましたが、日本などほかのロケット打ち上げ国が、大型衛星の打ち上げ用にロケットを大型化する時流のなかで、ESAはアリアン5を宇宙開発の大黒柱として育てていきました。

1999年12月、ギアナ宇宙センターから打ち上げられたアリアン5Gロケット。人工衛星打ち上げ市場で欧州が誇る大型ロケットである

第3章 成熟期のロケット

　1998年10月に初めて打ち上げに成功したアリアン5Gは、アリアン1～4と同様に順次改良が加えられて、アリアン5G+、アリアン5GS、アリアン5ECAへと代わっていきました。アリアン5ECAは、静止トランスファ軌道に9.6t、低軌道には21tの重量

(左ページとも写真：ESA)

2008年3月、ATVを搭載して打ち上げを待つアリアン5ES ATVロケット

アリアン5G基本性能	
全　　　長	52m
打上時重量	750t
段　　　数	2
燃焼方式	液体燃料
積載可能重量	低軌道：18t 静止トランスファ軌道：6.9t
打上衛星	多数の科学観測・民間商用衛星

アリアン5ECA基本性能	
全　　　長	56m
打上時重量	780t
段　　　数	2
燃焼方式	液体燃料
積載可能重量	低軌道：21t 静止トランスファ軌道：9.6t
打上衛星	多数の科学観測・民間商用衛星

(イラスト：ESA)

スペースシャトルの退役後、ロシアのプログレス補給船や日本のHTVと並んでISSへの物資輸送にあたるATV。8t近い貨物を搭載できる。ISSとのドッキングをHTVが手動で行うのに対して、ATVは完全に自動で行われる。アリアン5ロケットによって、ギアナ宇宙センターから打ち上げられる

を投入できます。そのため、大型衛星を2基同時に打ち上げることも可能でした。

また、スペースシャトル引退後の国際宇宙ステーション（ISS）への物資輸送を行うために、ESAではATVという輸送船を開発しましたが、そのATV打ち上げ専用としてアリアン5ES ATVも開発されました。アリアン5シリーズ全体で、これまでに100回を超える打ち上げが行われましたが、2002年以降はすべて成功しています。

国際的なロケット打ち上げ市場で確固たる地位を築いているアリアン5は、日本のH-ⅡA/Bにとっては手強いライバルです。ただ、打ち上げコストの安さもあって、日本の民間・商用衛星もこのロケットで多く打ち上げられています。

アトラスV（アメリカ・2002年）

アトラスロケットの最新作であり、現在運用されているのが**アトラスV**ロケットです。アトラスVはアトラスⅢをさらに強力に改良したもので、静止軌道への運搬能力がアトラスⅢBの4.5tから最大13tへと飛躍的に向上しました。実際、2008年4月には6.6tの通信衛星を静止軌道へ送りました。打ち上げ実績も申し分なく、2002年8月の最初の打ち上げからこれまでに61回行われた打ち上げまで、ほとんど成功しています。ちなみに、アトラスⅣは存在しません。

アトラスVでもっとも大きく変わったところはその1段目です。エンジンはアトラスⅢと同じくロシア製のRD-180ですが、それを収めるために**コモン・コア・ブースター**（CCB）と呼ばれる1段目が新たに開発されました。通常は打ち上げるものの重量によって補助ロケットを加えて運用されていますが、CCBそのものを補助ロケットのように左右に1本ずつ加えて使用できるように設計されているので、静止軌道へ13tの人工衛星を送ることが可能となっています。

また、アトラスVに搭載されるセントールロケットは、エンジンが改良されたことに加えて、全長が長くなったことにより、積載燃料が増えたため、より遠くへ人工衛星を送ることができるようになっています。2006年1月には探査機**ニュー・ホライズンズ**を冥王星に送り、2011年11月には探査機**キュリオシティ**、

アトラスV基本性能	
全　　　長	58.3m
打上時重量	334.5t
段　　　数	2
燃焼方式	液体燃料
積載可能重量	低軌道：9.4～29.4t 静止トランスファ軌道：4.8～13t
打上衛星	多数の通信・放送・科学衛星

2018年5月には同じく探査機**インサイト**を火星に送ることに成功しています。

(写真：NASA)

整備塔で組み立て作業に入るため徐々にもち上げられていくアトラスVロケットの1段目

デルタⅣ (アメリカ・2002年)

　デルタⅢをより強力にしたのが**デルタⅣ**ですが、新たに開発されたロケットといってもいいほど、内容は大きく異なっています。まず目を引くのは全長が大きく延びたこと、そして1段目の直径が太く長くなったことです。ちなみに全長が63mを超えるデルタⅣは、現在、世界で打ち上げられているロケットのなかでもっとも背の高いロケットです。

　2002年11月に初めて打ち上げられたデルタⅣは、軍事的な要請から開発されたという経緯もあって、軍事衛星の打ち上げに利用されることがおもですが、気象観測衛星の打ち上げなど、商業利用も行われています。

　デルタⅣの1段目のエンジン**RS-68**は、デルタⅢまで使われていた液体酸素とケロシンによるものから、液体酸素と液体水素を使うものに変更され、さらに大型化されたことにより、推力が3倍程度増強されました。2段目も長く太くすることにより燃焼時間が延びたため、打ち上げ能力は大幅に向上しました。

　この1段目と2段目からなるロケットがデルタⅣミディアムと呼ばれるもので、4つのバリエーションをもっています。デルタⅣミディアムに固体燃料補助ロケット2基を加えたものを**デルタⅣミディアム＋（4,2）（デルタ9240）**と呼びます。また、4mだった2段目の直径を5mにして燃料の搭載量を増やし、固体燃料補助ロケットを2基加えたものが**デルタⅣミディアム＋（5,2）（デル**

デルタⅣ基本性能	
全　　　長	63〜72m
打上時重量	250〜733t
段　　　数	2
燃焼方式	液体燃料
積載可能重量	低軌道：8.1〜23t 静止トランスファ軌道：4.2〜13t
打上衛星	多数の軍事偵察・通信・科学衛星

タ9250)、4基加えたものが**デルタⅣミディアム＋(5,4)**(デルタ9450)です。

これに加えて**デルタⅣヘビー**(デルタ9250H)があります。デルタⅣヘビーはデルタ9250の固体燃料補助ロケットをコモン・コア・ブースター(CCB)と呼ばれる1段目そのものに換えたもので、1段目が3本並んでいることになります。

打ち上げ直後、左右のロケットが100％の燃焼をしているときには中央のロケットは出力を60％程度に下げ、左右のロケットの燃焼が終了し切り離されたのちに、中央のロケットがそれまで控えていた出力を上げて100％の燃焼をするようになっています。巨体を誇るデルタⅣヘビーですが、打ち上げ時の総重量733tもスペースシャトルの2040tと比べるとずいぶん小さいことがわかります。

デルタロケットの変遷

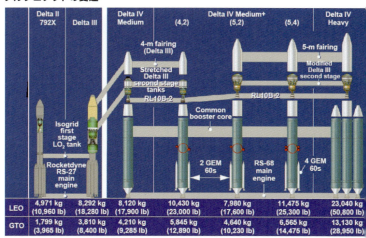

LEO ((low Earth orbit) = 低軌道
GTO (Geostationary Transfer orbit) = 静止トランスファ軌道

第3章 成熟期のロケット

(写真：U.S. Air Force)

ヴァンデンバーグ空軍基地から打ち上げられたデルタⅣヘビーロケット

H-ⅡB （日本・2009年）

　H-ⅡBロケットは、国際宇宙ステーション（ISS）へ物資を届けるために開発されたロケットです。ISS計画に参加している国々（アメリカ・ロシア・欧州・日本・カナダ）はそれぞれ個別のミッションを要求されていますが、日本が要求されているのがISSへの物資補給手段の開発でした。

　そのために必要となる輸送船 **HTV（こうのとり）** は高さが9.6m、直径が4.4mと大型バス1台分の大きさがあり、H-ⅡAでは打ち上げることができません。そこでH-ⅡAを大型化させて誕生したのがH-ⅡBです。1段目の直径が4mから5.2mへと大きくなり、LE-7Aエンジンを2基搭載しました。加えて、1段目に外装される固体ロケットブースターも2本から4本となって、ISSへ16.5tの荷物を届けることができます。

H-ⅡBの2段目と結合されるHTV（こうのとり）1号機

HTV（こうのとり）1号機をフェアリングでおおい、組み立てが完成する

第3章 成熟期のロケット

(左ページとも写真：JAXA)

2012年7月20日、打ち上げを翌日に控えて整備塔から射場へ向かうH-ⅡB3号機。フェアリングにHTV（こうのとり）3号機を搭載してISSへ向かった

（イラスト・写真：JAXA）

- HTV（こうのとり）

H-ⅡAとの違い①
フェアリングの全長が12mから15mへ3m延びた

- 第2段液体水素タンク
- 第2段液体酸素タンク
- ガスジェット装置
- 第2段エンジン（LE-5B）
- 第1段液体酸素タンク

H-ⅡAとの違い②
第1段ロケットの直径が4mから5.2mに拡大した

- 第1段液体水素タンク

H-ⅡAとの違い③
第1段ロケットのエンジンを1基から2基に、固体ロケットブースターを2本から4本に増強した

- 第1段エンジン（LE-7A）

フェアリング / 第2段 / 第1段 / 固体ロケットブースター（SRB-A）

H-ⅡB3号機の1段目を下から見る

H-ⅡB3号機の2段目を下から見る

H-ⅡB1号機の1段目と2段目を結合し組み立てる

2009年9月に打ち上げられた1号試験機は、スペースシャトル引退後の物資補給手段の確保として注目されましたが、みごとに成功し、ロケット性能ばかりでなくHTVの運用技術についても日本の技術が安定してすぐれていることを実証しました。

H-ⅡB基本性能	
全　　　長	56.6m
打上時重量	531t
段　　　数	2
燃焼方式	液体燃料
積載可能重量	HTV軌道：16.5t 静止トランスファ軌道：8t
打上衛星	HTV（こうのとり）

その後、これまでに7号機まで打ち上げられ、すべて成功しています。もちろん、より大型のロケット開発がされたことにより、衛星打ち上げビジネスでも一歩前進しましたが、H-ⅡBによる有人宇宙探査も可能性が広がってきました。

ヴェガ（欧州・2012年）

アリアン5で静止トランスファ軌道へ10t近い重量物を送ることを可能にしたESAが、小型科学衛星などを低軌道へ安く送るために開発したのが**ヴェガ**ロケットです。

ヴェガは、フランス国立宇宙センター（CNES）とともにESAを支える重要な柱であるイタリア宇宙機関（ASI）が中心となって開発したロケットで、2006年の打ち上げを目指していましたが、2012年2月に初めての打ち上げに成功。ASIが開発した**LARES**という400kgの科学衛星をはじめ、9基の小型衛星を高度1400kmの軌道に投入すること

ヴェガ基本性能	
全　　　長	30m
打上時重量	137t
段　　　数	4
燃焼方式	1～3段目：固体燃料 4段目：液体燃料
積載可能重量	低軌道：2.3t 太陽同期軌道：1.5t
打上衛星	LARESなど

(写真：ESA)

小型人工衛星を低軌道へ投入するために欧州で新たに開発されたヴェガロケット

に成功しました。

　ヴェガの誕生によって、ESAは大型衛星はアリアン5で、中型衛星はロシアのソユーズで、小型衛星はヴェガで打ち上げるという基本方針が固まったことになります。

　ヴェガの1段目ロケットは、アリアン5の固体燃料補助ロケットブースターの技術を援用して新たに開発されたP80と呼ばれるもので、一体成形されたカーボンファイバーに包まれています。2、3段目も独自に開発された固体燃料ロケットですが、4段目は

軌道投入精度が非常に高いウクライナ製の液体燃料ロケットを使用しています。ヴェガは、日本のM-Vロケット（→p.53）とほぼ同じで、M-Vの後継機であるイプシロンロケット（下記）よりも大きく、打ち上げ能力も勝っています。そのため、ヴェガロケットとの競争を強いられるイプシロンロケットにとっては、厳しいライバルといったところです。

イプシロン（日本・2013年）

2006年にいったん廃止が決定した固体燃料ロケットM-Vでしたが、それ以降も研究者側からは小型衛星の打ち上げを希望する声が多くありました。それらをすべて液体燃料ロケットで打ち上げるわけにもいかないため、新たに固体燃料ロケットの開発が計画されたのが**イプシロン**ロケットです。

M-Vの後継機となるイプシロンロケットは、日本が得意とする固体燃料ロケット技術の集大成として、2010年から本格的に開発がスタートしました。その打ち上げ能力はM-VとM-SⅡの中間ぐらいで、低軌道へ1200kgの打ち上げを目標とし、2013年9月に試験機の打ち上げに成功しました。その後、打ち上げ能力の向上と搭載する衛星の大型化を図るために強化型が開発され、2016年に打ち上げられました。

打ち上げ費用は試験機が53億円、強化型が45億円程度でしたが、その低減を図るためにさらなる改良が加えられており、2020年代前半には30億円を目指しています。

イプシロン強化型基本性能	
全　　　長	26m
打上時重量	95.4t
段　　　数	3
燃焼方式	固体燃料
積載可能重量	低軌道：1200kg 太陽同期軌道：590kg
打上衛星	ジオスペース探査衛星「あらせ」

(写真：JAXA)

イプシロン2号機打ち上げ当日に行われたリハーサル

ロケットの製作日数も大幅に短縮されていますが、イプシロンロケットの最大の特徴は、その簡素な打ち上げシステムにあります。**モバイル管制**と呼ばれるその打ち上げ方法では、さまざまな機器に自己診断機能をもたせることにより、打ち上げ前の機器点検を自動化しています。これによって、従来のような地上設備は不要となり、パソコンによるインターネットを通じた遠隔地からのコントロールが行えるようになっています。これによって、M-Vのときには管制室に80人いた打ち上げ要員を8人に減らすことができました。

アンタレス（アメリカ・2013年）

（写真：NASA）

アンタレスの前身となったトーラスロケット

アンタレスは、ノースロップ・グラマン・イノベーション・システムズ社が開発したトーラスの後継機にあたるロケットで、トーラスⅡがアンタレスと改名されたものです。

トーラスを前身とはするものの、1段目にはロシアのN-1ロケット（→p.92）のエンジンを改修して使用したり、タンクにはゼニット（→p.101）用のものを改修して使用するなど、その内容は大きく異なっています。また、1段目は液体燃料ロケットとなっています。2013年4月に打ち上

アンタレス基本性能

全　　　長	40.5m
打上時重量	290t
段　　　数	2〜3
燃焼方式	1段目：液体燃料 2段目以降：固体燃料
積載可能重量	低軌道：10.5t 静止トランスファ軌道：4.5t
打 上 船	シグナス補給船

(写真：NASA)

組み立て工場で水平状態で組み立てられたアンタレス。これから運搬船に乗って射場へ向かう

ノースロップ・グラマン・イノベーション・システムズ社の開発した、ISSへの物資補給を目的としたシグナス補給船

げられました。以降、おもに国際宇宙ステーション（ISS）に物資を送る**シグナス補給船**の打ち上げに使われており、それ以外にも、宇宙探査機や商業衛星の打ち上げに活用されようとしています。

 アンガラ（ロシア・2014年）

　ソ連崩壊後、バイコヌール宇宙基地はカザフスタン共和国の持ち物となりました。また、エネルギアの補助ブースター用として開発されたゼニットロケット（→p.101）をつくった国営企業は、隣国ウクライナの企業となっていました。

第3章　成熟期のロケット

(写真：Allocer)

モスクワ近郊にあるジューコフスキー(ラメンスコエ)空港で2009年に開催された航空ショーで披露されたアンガラロケットの展示用模型

アンガラA5基本性能	
全　　　　長	55.4m
打上時重量	759t
段　　　数	2～3
燃焼方式	液体燃料
積載可能重量	低軌道：24.5t 静止トランスファ軌道：5.4～7.3t
打上衛星	—

145

このような状況は、ロシアの独自性を脅かす可能性があるため、対策が検討された結果、射場はモスクワの北800km、北緯62度46分にあるプレセツク宇宙基地やシベリアのボストチヌイ宇宙基地など国内の宇宙基地が整備されることになりました。そして、ロケットはゼニトロケットに代わる、より重いものを低軌道に運ぶための純国産ロケットとして、**アンガラ**ロケットが計画されました。

　アンガラは規格化された設計を行うことで、搭載する衛星の重量に応じてロケットの構成を変えるように設計されています。また、将来的には、**バイカル・ブースター**という再利用可能なブースターと組み合わせることで、打ち上げコストを大幅に削減しようとしています。

　当初は2012年の打ち上げを予定していましたが、財政難などのために遅れて、2014年の7月と12月に打ち上げられました。

長征5～7号 (中国・2015年)

　これまで中国の宇宙開発を支えてきた長征ロケットですが、現在大きく変わろうとしています。

　長征1～4号は1970年代に開発されたロケットで、エンジンや機体に改良を加えて使い続けてきましたが、打ち上げ能力は限界に近づき、コストダウンもかなわない状況になってきました。

　長征1～4号は成功率も高く、安定した打ち上げ実績を残しましたが、旧型のロケットです。

長征5号基本性能	
全　　長	57m
打上時重量	869t
段　　数	3
燃焼方式	液体燃料
積載可能重量	低軌道：25t 静止トランスファ軌道：14t
打上衛星	―

組み立て棟をでて発射台へ向かう長征5号

推進剤の毒性が非常に強く、これまでに何度か大きな問題を発生させたことがありました。そこで、まったく新しく開発されたのが**長征5〜7号**です。長征5号の1段目のエンジンの推進剤は液体水素と液体酸素を使用するため、燃焼ガスが無害になるなど欧米の水準に追い着き、世界最高水準のロケットになりました。

　長征5号が大型ロケットとして開発されたのに対して、長征6号は小型、長征7号は中型のロケットです。長征6号は2015年に、長征5号と7号は2016年に打ち上げられました。

　これまで中国のロケット射場は内陸部にあったため、鉄道輸送の関係から直径が3.5mまでのロケットしか打ち上げられませんでしたが、直径が5mとなる長征5号を打ち上げるために南部の海南島に新設された**文昌宇宙センター**から打ち上げられました。長征5号は低軌道へは25t、静止トランスファ軌道へは14tと、現在もっとも強力な欧州のアリアン5の9.6tを抜いて世界最強のロケットになります。

　しかし長征5号は、2017年7月、2回目となる打ち上げに失敗してしまいました。これからの中国の宇宙開発の中心的な役割を果たすロケットの打ち上げが失敗したことによって、中国の大型ロケットによる宇宙開発は数年間の停滞を余儀なくされるかもしれません。

第**4**章

時代をつくったロケット

月に人間を運んだアメリカのアポロ計画と
宇宙に行って帰ってくるスペースシャトル。
20世紀を代表するこの2つは
宇宙を身近に感じさせました。

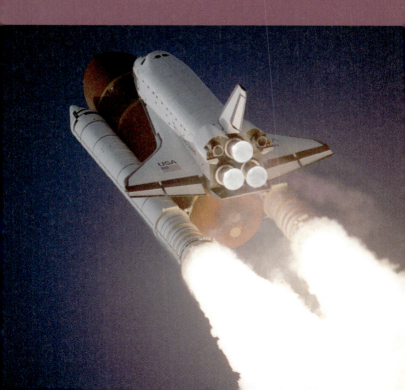

これまで行われてきた宇宙開発のなかでも、特に多くの人の注目を集めたものは、月へ人間を送ったアポロ計画、そしてスペースシャトルによるさまざまな活動です。この2つは20世紀の科学の成果を代表するものといってもいいでしょう。これによって宇宙は、非常に身近なものと感じられるようになりました。
　21世紀中に実現するかもしれない火星への人類到達や、月面基地の建設といった夢のような計画の先駆けとなった2つのイベントを支えたロケットとはどのようなものだったのでしょうか。

サターンⅠ/ⅠB （アメリカ・1964年/1966年）

　サターンロケットもアトラス、タイタン、デルタと同様に、大陸間弾道ミサイル（ICBM）として計画されたロケットでしたが、サターンはできるだけ大きな積載能力をもったロケットとして、宇宙開発にも利用できるように計画されていました。

　宇宙開発において、ソ連（現ロシア）にリードされていたアメリカは、1961年5月のケネディ大統領（当時）による、1960年代中に人類を月に送るという演説で、宇宙開発の方向性を明確にしました。このサターン計画の実行をまかされたのが、1960年に陸軍からNASAへ移ったフォン・ブラウンです。彼は、要求を満たすために巨大なエンジンの開発を構想しますが、要求される時間内ではとても不可能でした。

サターンⅠ基本性能	
全　　　長	55m
打上時重量	510t
段　　　数	2
燃焼方式	液体燃料
積載可能重量	低軌道：9t
打上衛星	―

サターンⅠB基本性能	
全　　　長	68m
打上時重量	590t
段　　　数	2
燃焼方式	液体燃料
積載可能重量	低軌道：15.3t
打上衛星	アポロ宇宙船

第4章 時代をつくったロケット

(写真：NASA)

1964年9月、サターンIロケット7号機がアポロ宇宙船を搭載したテスト飛行のために打ち上げられた

(写真：NASA)

1968年1月、アポロ5号打ち上げのために発射台にセットされたサターンⅠB4号機

そこで行ったのが、1段目エンジンのクラスター化です。ジュピターCやソア・デルタで使用されていたH-1エンジンを8基束ねて、必要とされる推力をだすように開発されたのが、**サターンⅠ**だったのです。

　エンジンを8基備えた1段目の本体は、ジュピターCの燃料タンクの周囲をレッドストーンの燃料タンクが取り囲むというもので、直径が6.5mにもなりました。2段目はS-Ⅳロケットと呼ばれ、セントールロケットで使用されているRL-10エンジンを6基束ねるものでした。

　フォン・ブラウンのチームがまず取り組んだのは、1段目ロケットの完成でした。そのために、サターンⅠは1961年10月から1963年3月まで、1段目の上には模擬ロケットを搭載しただけの弾道軌道による打ち上げ実験を4回繰り返し、1段目エンジンを完成させていきました。

　2段目のS-Ⅳロケットはその間、別に開発が進められ、1964年1月、初めて1段目と2段目を組み合わせたサターンⅠが打ち上げられました。これによってS-Ⅳを低軌道の地球周回軌道へ送ることに成功したサターンⅠは、次の段階へ進みます。

　1964年5月に打ち上げられたサターンⅠは、2段目の上に**アポロ計画**で使用される**司令船**の模型を搭載していました。これ以降、1965年7月まで5回にわたって司令船を打ち上げる試験を繰り返しながら、アポロ計画に大きな影響を与えることになると考えられていた宇宙塵を計測する**ペガサス衛星**を司令船といっしょに打ち上げることも行い、アポロ計画の実行に向けて着実に階段を昇っていきました。

　サターンⅠを改良し、大幅に推力を増強したのが**サターンⅠB**です。1段目は長さ・直径ともに大きくしながら、燃料を抜いた

重量は変わらないように改良されたことにより、推力を20％以上も向上させました。2段目は新たに開発されたJ-2エンジン1基のものに変更され、推力が2倍以上に増強されました。

月を目指すアポロ宇宙船は**司令船・機械船・月着陸船**で構成されており、サターンⅠでは、地球の周回移動へ1度に運ぶことはできませんでしたが、サターンⅠBが開発されたことによってそれが可能となったため、アポロ計画は実現に向けて大きく前進しました。サターンⅠBは、1966年2月に本物のアポロ司令・機械船を打ち上げる試験を行い、高度488kmまで到達して司令・機械船を切り離しました。

そのような試験飛行を数回繰り返したのち、1968年10月、アポロ計画として初の有人宇宙飛行を行い、アポロ7号司令船に3人の宇宙飛行士を乗せて、11日間の地球周回飛行に成功しました。

サターンⅤ (アメリカ・1967年)

これまでに世界中でつくられたロケットのなかで、もっとも大きいのが**サターンⅤ**です。サターンⅤはロケット開発の申し子フォン・ブラウンが、そのロケット開発者としての人生の集大成となるべく開発した巨大ロケットで、人類を初めて月に送ることに成功したロケットです。

サターンⅤ基本性能	
全　　　長	110.6m
打上時重量	3038.5t
段　　　数	3
燃焼方式	液体燃料
積載可能重量	低軌道：118t 月軌道：47t
打上衛星	アポロ宇宙船

月を目指すには、司令・機械船と月着陸船からなるアポロ宇宙船を月まで送る必要がありますが、これまでのサターンⅠBではそれを低軌道の地球周回軌道へ打ち上げるところまでしかできませんでした。

第4章 時代をつくったロケット

(写真：NASA)

アポロ4号を搭載して打ち上げを待つサターンV1号機

みずからの情熱の結晶であるF-1エンジンの前に立つフォン・ブラウン。没後、大西洋の4300mの深海でアポロ11号を月へ送ったF1エンジンが発見され、2013年3月に引き上げられた

　しかし、サターンVが完成したことによって、やっと月へアポロ宇宙船を、そして人間を送る能力を獲得できたのです。

　これを可能にしたのが巨大エンジン**F-1**です。F-1エンジンは、1950年代に空軍の巨大ロケット開発要求に沿って開発が行われていたもので、アポロ計画のために新たに開発されたエンジンではありませんが、あまりに巨大すぎるために使い道がなく、いったんは途中で開発が中止されてしまいました。しかし、アポロ計画のために巨大なエンジンを探していたNASAが開発を引き継ぎ、完成させたもので、サターンVの1段目にはこのF-1エンジンが5基、クラスター化されて搭載されました。その結果、サタ

アポロ計画

(左ページとも写真:NASA)

アームストロング船長に次いで、人類で2番目に月面に立ったオルドリン飛行士

アポロ12号では地球との交信を行うなど31時間の船外活動が行われた

地質学者シュミット飛行士による月面探査

人類は初めて宇宙から地球の全景を見た

ーンⅤの1段目の直径は10mにもなり、その推力はサターンⅠBの3倍を超えていました。

S-ⅠCと呼ばれる1段目には、77万Lの燃料と120万4000Lの液体酸素が搭載されており、それを2分30秒で燃焼させることによって、サターンⅤを高度61kmへ運びました。

サターンⅤの2段目には、S-Ⅱと呼ばれるロケットが新たに開発され、使用されました。S-ⅡはサターンⅠBの2段目のロケットに使われていたJ-2エンジンを5基、クラスター化してつくられたロケットで、1段目と同じくその直径は10mでした。3段目

には、サターンⅠBの2段目のロケットをそのまま載せて使いましたが、これによって低軌道へは118tの重量物を送ることができ、月へは47tを送ることができました。

サターンⅤを得たアメリカは、1967年11月の初飛行からアポロ計画を強力に推し進め、6回目の打ち上げとなる1969年7月、ケネディ大統領の宣言どおり、**アポロ11号**で人類を月に送ることに成功し、その後、1972年12月までの3年間に12人の人間を月面に立たせることに成功しました。

スペースシャトル (アメリカ・1981年)

人類を月へ送ったアポロ計画の成功は、宇宙が私たちの手の届くところにあることを実感させるものでしたが、それには膨大な費用が必要でした。そのため20号まで計画されていたアポロ計画は継続が困難となり、17号で終了しました。

アメリカではその前から、宇宙開発に要する費用を安くするアイデアとして、「再利用する宇宙船を使った宇宙開発」が検討されていました。通常のロケット打ち上げ方式では、毎回新たにすべてをつくる必要があり、それと比較すると「再利用」することは、費用を非常に安価なものにする、と考えられたのです。

そのため1968年、アメリカは「再利用型宇宙船」の研究を本格的に開始し、1973年には翼をもった宇宙船が大気圏外から地球へ帰還し、水平に着陸できることを実験で証明しました。

スペースシャトル基本性能	
全　　長	56m
打上時重量	2030t
段　　数	1
燃焼方式	液体燃料 固体燃料(補助ロケット)
積載可能重量	低軌道:24.4t 静止トランスファ軌道:3.8t
打上衛星	多数の軍事偵察・通信・科学衛星

第4章　時代をつくったロケット

(写真：NASA)

2010年5月、ISSへ向けて打ち上げられたスペースシャトル・アトランティス号

2008年6月、ISSの組み立てミッションに向かうスペースシャトル・ディスカバリー号

2008年9月、打ち上げ準備が着々と進むスペースシャトル・エンデバー号

こうして**スペースシャトル**計画はスタートし、1981年、初飛行に成功しました。その後、2011年7月の135回目の飛行まで、30年にわたって活躍しました。

スペースシャトルの構造

　スペースシャトルの本体を軌道船（オービター）と呼びます。その機能は宇宙と地球をつなぐ大型トラックといったものですが、主翼と垂直尾翼をもつその姿は飛行機そのものです。打ち上げ時には垂直に発射され、着陸時には通常の飛行機のように滑走路に水平に着陸します。

　7名が乗り込む乗員室の後ろには、長さが18m、幅が4.5mもある大きな貨物室があり、約25tの荷物を運ぶことができるため、人工衛星を宇宙へ運んで放出したり、回収して修理をしたりするといった使われ方もしました。

（左ページとも写真：NASA）

2011年7月、最後のフライトに向けて発射を待つスペースシャトル・アトランティス号

軌道船（オービター）の構造

外部燃料タンクの構造

　大規模な宇宙探査で活躍するハッブル宇宙望遠鏡や、木星探査で活躍したガリレオ探査機なども、スペースシャトルが宇宙へ運びました。また、スペースラブという宇宙実験室を搭載して、さまざまな実験も繰り返し行う一方、国際宇宙ステーション（ISS）を建設するなど、低軌道での宇宙利用に大きな役割を果たしました。軌道船の船尾にはSSME（Space Shuttle Main Engine）という高性能エンジンを3基もち、外部燃料タンクから供給される液体水素と液体酸素を燃焼させることによって、宇宙へ飛びだして

第4章 時代をつくったロケット

(左ページイラスト・写真:NASA)

スペースシャトルの組み立てのため整備塔へ運ばれていく外部燃料タンク

いきました。

　SSMEへ燃料を補給するために、スペースシャトルを乗せるような姿で接続されていたのが外部燃料タンクです。630t(55万L)の液体酸素と106t(150万L)の液体水素を約8分で燃焼させたのち、軌道船から切り離され、地上へ落下していきますが、大気との摩擦熱によって燃えつき、消滅します。

　直径約8m、長さ47mの

整備塔の中で、スペースシャトルと燃料タンクとの組み立て作業が行われている

163

外部燃料タンクの左右に1本ずつ設置されているのが固体燃料補助ロケットです。直径3.7m、長さ45mに満載された固体燃料は2分で燃焼しつくし、総重量が2000tを超すスペースシャトルを高度46kmの高さまで打ち上げます。

　燃焼を終え、外部燃料タンクから切り離された固体燃料補助ロケットは、パラシュートを開いてフロリダ半島沖の大西洋上に落下し、回収されて再利用されます。

　スペースシャトルの打ち上げでは、固体燃料補助ロケットに点火された瞬間が打ち上げ0秒で、SSMEは打ち上げ6.6秒前に点火されます。

スペースシャトルを襲った2度の悲劇

　1981年の初飛行以来、順調に宇宙との往還を重ねてきたスペースシャトルでしたが、1986年1月に打ち上げられた**チャレンジャー号**が、打ち上げ73秒後に爆発して空中分解するという悲劇に見舞われました。

　このときチャレンジャー号は、緊急着陸地の悪天候などによって、打ち上げ予定日が6日ほど延期されました。打ち上げ当日はフロリダ周辺が異常寒波に見舞われたため、事故原因となったゴム製のOリングが硬化し、性能低下が懸念されるとの指摘がありましたが、NASAは打ち上げを決行しました。そして技術者の懸念どおり、固体燃料補助ロケットのOリングが1つ、低温のため硬化して弾力性を失い、固体燃料の燃焼ガスを閉じ込めておくことができず、固体燃料補助ロケットの中ほどから漏れだした燃焼ガスによって、チャレンジャー号は一瞬のうちに爆発し、空中分解してしまいました。

　この事故によって、7名の宇宙飛行士が帰らぬ人となりました。

第4章 時代をつくったロケット

(写真：NASA)

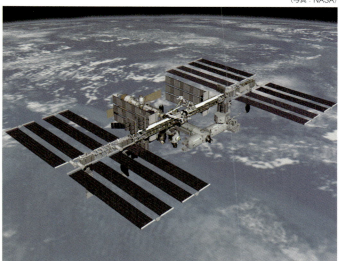

ISSはスペースシャトルがなければ完成されることはなかっただろう

ISSにスペースシャトルとソユーズが同時に到着している

また、事故原因の検証と対策のため、スペースシャトル計画自体も32カ月の中断を余儀なくされました。

1988年9月に飛行を再開したスペースシャトルでしたが、2003年2月にふたたび悲劇が襲います。28回目の飛行となった**コロンビア号**はスペースハブを使った科学実験を順調にこなしたあと、地球へ帰還するために大気圏へ再突入した際に空中分解し、またもや7名の宇宙飛行士が犠牲となってしまいました。この事故の原因は断熱材の剥落によるものでした。

打ち上げ時に、外部燃料タンクの断熱材が打ち上げの衝撃で剥落し、アタッシュケースほどの破片が軌道船の左主翼前縁を直撃したため、軌道船の断熱材が傷ついてしまいました。この事故は地上からも確認されていましたが、それまでにも同様のトラブルはあったものの、大きな事故は発生していなかったために、問題を過小評価したNASAは通常どおりの帰還を行おうとしたところ、損傷個所から侵入した高温の大気によって内部構造が破壊され、空中分解したのです。

この事故によってふたたびスペースシャトル計画は2年間の中断を余儀なくされました。チャレンジャー号とコロンビア号の事故によって、合わせて4年以上も中断してしまった影響をもっとも大きく受けたのが、国際宇宙ステーション（ISS）計画でした。

スペースシャトルの功罪

スペースシャトルの最大の功績は「宇宙を非常に身近なものにした」ことでしょう。そのずんぐりとした愛らしい姿は、それまで宇宙に関心のなかった多くの人々にも、宇宙のすばらしさ、宇宙開発の重要性を伝えるために大変役に立ったと思います。またスペースシャトルの乗組員には女性も多く、そのうえさまざまな

第4章　時代をつくったロケット

（写真：NASA）

ハッブル宇宙望遠鏡の修理を行う、スペースシャトル（写真下）の乗組員（写真中央）

国の人がいました。

　日本についていえば、1992年9月に毛利衛さんが日本人として初めてスペースシャトルに乗り込み、それ以来多くの日本人宇宙飛行士が誕生しました。

　スペースシャトルには7名の宇宙飛行士が乗り込み、20tを超える荷物を低軌道の宇宙空間へ運ぶことができました。ハッブル宇宙望遠鏡を宇宙へ運ぶだけでなく、修理も行いました。低軌道であれば、人工衛星の修理のために宇宙へ向かうことができるというのは、スペースシャトルの大きな特徴でもあります。

　しかし、スペースシャトルの運用を開始したアメリカは、それまで宇宙開発に大きな役割を果たしてきた使い捨てロケットを使用中止としたため、2機の事故によってスペースシャトルの運用

が中止されている間の人工衛星打ち上げに、おおいにとまどうこととなりました。その結果、いったん使用が中止されていた使い捨てロケットを再利用することになったのです。

また、大きな誤算もありました。最大の誤算は「再利用型宇宙船は高くつく」ことでした。宇宙往還機を安全に運行することは、当初考えられたよりもはるかに困難だったのです。計画当初は年間に50回（週1回）程度の打ち上げを予定していましたが、実際には6回程度であり、2003年のコロンビア号の事故後は年間3回程度となってしまいました。

運用経費は機体整備費だけではなく、人件費を含めてさまざまなものがあるので、打ち上げ回数が減っても経費はあまり変わらないのです。そのため、事故後の打ち上げ費用は1回あたり12億ドル（約1300億円）程度にもなっていました。

また、機体の設計にも大きな問題がありました。スペースシャトルの最大の特徴である翼は、着陸時には不可欠なものですが、打ち上げ時には不要なものです。その翼のために機体が重くなり、余分な燃料を使わなければなりません。大気圏突入時の高熱から機体を保護する断熱材も、管理が難しいものでした。

このように、当初のもくろみとは裏腹な運用により、スペースシャトルは退役を余儀なくされました。

第5章

民間のロケット

民間企業が独自に
ロケットを開発するようになりました。
宇宙空間で短時間の宇宙体験ができる
サービスも始まろうとしています。

宇宙開発の基礎となるロケットの製造、打ち上げといった工程には多額の費用が必要です。そのため、これまでそれは国家的事業でした。しかし、かつてのような経済成長が望めなくなってきた現在、国が民間企業の力を利用しようとする動きも生まれてきました。

　アメリカの場合、巨大な軍需産業が形成されています。そのなかにはミサイルやジェット戦闘機などをつくる大きな企業もあります。そのような企業は、ミサイル開発技術を援用してロケットを開発し、国から衛星の打ち上げを請け負い、すでに多くの衛星を打ち上げています。もちろんこれは、国家と一体になった国家的事業といえるものでもあります。

　それとは別に、IT技術の活用によって巨万の富を得た人物のなかには、独自にロケット開発に参入しようとする人も現れました。そこまで大がかりでなくとも、民間のロケット開発には、自前でつくった小型ロケットを低軌道に打ち上げて、科学的な観測に利用しようというものもあります。低軌道で無重力状態を体験することを、観光ビジネスに利用しようとする会社も現れています。この本の最後に、民間のロケットにはどのようなものがあるのかを探っていきます。

ペガサス（アメリカ・1990年）

　ロケットを地上から発射するよりも、大型飛行機で上空まで運んでから発射すると、より重い荷物（ペイロード）を積むことができ、打ち上げ費用も安くできるのではないかとの観点から開発されたのが、空中発射ロケット**ペガサス**です。人工衛星の製造や打ち上げを請け負うアメリカの民間企業、**オービタル・サイエンシズ社**

(現ノースロップ・グラマン・イノベーション・システムズ社）が開発したロケット打ち上げシステムです。

　大型搬送機の胴体下に取りつけられたペガサスは、高度12000mの成層圏まで運ばれたのち、ロケットに点火して宇宙空間へ飛びだしていきます。この打ち上げ方式は天候の影響を受けないため使い勝手がよいので多くの利用が期待され、その結果、打ち上げコストが安くなることが予想されましたが、実際には打ち上げ受注は予想を下回り、搬送機の維持費が打ち上げコストを

(写真：Orbital)

母機に抱かれて高空を発射地点に向かうペガサス

ペガサス基本性能	
全　　　長	15.4～17.4m
打上時重量	19.3～22.7t
段　　　数	3
燃焼方式	固体燃料
積載可能重量	低軌道：443kg
打上衛星	多数の小型科学衛星

母機から放たれて宇宙空間を目指すペガサス

押し上げてしまうという予想外の結果になってしまいました。

また、ペガサスの利点はそのまま弱点にもなりました。すなわち、ペガサスのサイズは、それを上空へ運ぶ航空機の能力によって制限を受けるため、大きなものにはなりえず、そのためペガサスは全長が約17mで重量が約22tとなり、搭載できる人工衛星も400kg程度が限界でした。

1990年4月に打ち上げられて以来、これまでに43回の打ち上げが行われ、失敗は3度のみと高い成功率を誇っています。

CAMUI (日本・2002年)

CAMUI（Cascaded Multistage Impinging-jet）は、ロケット開発に情熱を傾ける、北海道大学の永田晴紀研究室と植松電機（北海道赤平市）が中心になって設立したNPO法人**北海道宇宙科学技術創成センター**（HASTIC）によって研究・開発されている**ハイブリッドロケット**です。その名前はもちろん、アイヌ民族の神であるカムイ（神威）にも通じ、北海道を日本の宇宙開発の拠点にしようという関係者の希望が託されています。

気象観測で使われるラジオゾンデが上昇できる高度は、地上から20km程度までです。それ以上で、かつ人工衛星を必要としない高度の大気などを研究するためには、ロケットが必要となります。CAMUIはそのような用途のために考案されたロケットで、通常の固体燃料ロケットよりもはるかに安価に打ち上げられることを目指しています。

固体燃料ロケットの打ち上げ費用

CAMUI基本性能	
全　　長	4m
打上時重量	約75kg
段　　数	1
燃焼方式	ハイブリッド
積載可能重量	—
打上衛星	—

第5章　民間のロケット

（写真：植松電機）

ハイブリッドエンジンの燃焼試験

2012年7月、CAMUIは日本初のハイブリッド燃料ロケットとして打ち上げに成功した

CAMUIの構造

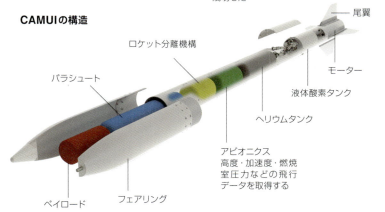

- 尾翼
- ロケット分離機構
- モーター
- パラシュート
- 液体酸素タンク
- ヘリウムタンク
- アビオニクス　高度・加速度・燃焼室圧力などの飛行データを取得する
- ペイロード
- フェアリング

を高くしているのは推進剤ですが、CAMUIは火薬を用いていません。燃料であるプラスチックを、酸化剤である液体酸素で燃焼させ、その燃焼ガスを高速で噴出することによって推力を得ようとするものです。

　ハイブリッドロケットのアイデアは古くからありましたが、最

大の問題は燃焼速度の遅さにありました。CAMUIはその燃焼方法に革新的なアイデアを用い、燃焼速度の大幅な向上に成功しています。CAMUIの燃焼室には穴の開いた円筒形のプラスチックが何層にも積み重ねられ、その穴を通じて液体酸素がプラスチックを同時に大量に燃焼させる方法を確立しています。

2002年3月に初めて打ち上げ実験を行って以降、これまでに長さや大きさなどを変えて試行錯誤を繰り返しています。2012年7月の打ち上げ試験では、日本のハイブリッドロケットとして初めて超音速飛行に成功しました。着実に目的に近づきつつあるCAMUIが、北の空に大きな花を咲かせる日は遠くありません。

スペースシップワン/ツー (アメリカ・2004年)

現在、アメリカの宇宙開発は、国が国家予算によって行うものに加えて、民間企業が積極的に参加する動きも見られるようになりました。

スペースシップワン基本性能	
全　　　長	5m
打上時重量	1200kg
段　　　数	1
燃焼方式	ハイブリッド
搭乗可能人員	1〜3名
打上衛星	―

スペースシップツー基本性能	
全　　　長	18.3m
打上時重量	―
段　　　数	1
燃焼方式	ハイブリッド
搭乗可能人員	8名
打上衛星	―

もちろんその背景には、国家予算の減少という厳しい現実から、巨額な費用が必要とされる宇宙開発に民間の資金を呼び込もうという政治的な思わくが働いていると思われますが、それを可能にしているのは、ごく少数ではありますが、事業で成功した人の「アメリカンドリーム」を追い求める姿勢や「フロンティアスピリット」でしょう。

第5章 民間のロケット

(写真:Scaled Composites)

ホワイトナイトの胴体下につり下げられて高度15000mを目指すスペースシップワン。どちらもその操縦席の窓の形状など、自由で近未来的な発想を感じさせる

飛行中のスペースシップワン。この翼は可動式になっており、下降時にはブレーキの役目もする

アメリカでは、コンピューターやインターネット事業を通じて巨万の富を築いた人たちがいますが、そのような人のなかには、科学の発展のために私財を投じる人も少なからずいるのです。

　そのような人たちの創設した賞金制度に**アンサリ・X・プライズ**というものがありました。アンサリ・X・プライズは宇宙開発

(写真：Scaled Composites)

ホワイトナイトから切り離されて高度100kmの宇宙空間を目指すスペースシップワン

カリフォルニア州のモハベ砂漠にある基地に無事宇宙から帰還したスペースシップワン

(写真：Virgin Galactic / Mark Greenberg)

リチャード・ブランソン率いるヴァージン・ギャラクティック社がスケールド・コンポジッツ社と開発を続けるスペースシップツーとホワイトナイトツー

に関するコンテストを実施しており、月着陸船の開発、軌道エレベーター技術の開発といったテーマで設定条件をクリアしたものに賞金を授与するというものです。そのテーマの1つである有人宇宙飛行のコンテストで見事に条件をクリアし、賞金1000万ドル（約11億円強）を獲得したのが**スペースシップワン**です。

スペースシップワンはカリフォルニア州の航空機メーカー、スケールド・コンポジッツ社によって開発されました。それを率いているのが大空でアメリカン・ドリームを追い求める男、**バート・ルータン**です。ルータンは1986年に、無着陸・無給油で世界を1周するという実験的な試みを世界で初めて成し遂げた固定翼機ルータンボイジャーを設計するなど、航空機にユニークな発想を取り入れる設計者でした。

そのルータンの開発によるスペースシップワンは、操縦者1名と2名分のバラストを搭載して、2004年6月にホワイトナイトと呼ばれる母機によって高度15000mまで運ばれ、そこから宇宙空

（イラスト：Virgin Galactic）

スペースシップツーの飛行イメージ図。スペースシップワンよりもはるかに大きくなった機体には、2名の操縦士と6名の乗客を乗せることができる

間に飛びだして弾道飛行を行い、高度100kmへ到達して、3分間の宇宙飛行を行いました。その後、グライダーの要領で滑空しながら下降し、飛び立った基地へ無事帰還することができました。

もちろん、スペースシップワンの開発には多額の費用が必要でしたが、そのためにスケールド・コンポジッツ社に出資したのが**ポール・アレン**でした。アレンはコンピューター業界の巨人ビル・ゲイツとともにマイクロソフト社を創設した共同創業者で、マイクロソフト社から身を引いたあともその巨万の富を運用し、慈善活動にも積極的で、医療など科学の発展にも貢献している資産家でしたが、2018年10月、病気のため65歳で死去しました。

スペースシップワンの成功により、低軌道の宇宙空間へは、従来のようなロケットによらず、飛行機を発展させたもので到達できることが明らかとなり、スペースシップワンに続こうとする者が現れてきます。それがイギリスの多国籍企業ヴァージン・グループを率いる**リチャード・ブランソン**で、宇宙旅行を請け負うヴァージン・ギャラクティック社を設立し、スペースシップワン計画を受け継いだ**スペースシップツー**の計画を発表しました。

スペースシップツーが飛行する軌道はほとんどスペースシップワンと同じですが、2名の操縦士と6人の乗客を乗せて宇宙空間を飛行する予定です。当初は2007年にも商業サービスを開始する予定でしたが、エンジンの変更や墜落事故などもあり、大幅に遅れたものの、2018年4月にはスペースシップツー2号機の飛行実験が無事行われました。すでに世界中から多くの人たちが搭乗を予約しています。

次項で紹介するイーロン・マスクを含めて、宇宙開発にアメリカンドリームを追い求める者が次々に現れているのが、アメリカの宇宙開発の最大の強みといえるかもしれません。

ファルコン1（アメリカ・2006年）

　宇宙開発に積極的に関わる民間企業の先頭を走るのが、2002年に設立された**スペースX社**です。スペースX社は、インターネット関連事業で巨万の富を得た**イーロン・マスク**によって設立された会社で、スペースシャトルなきあと、国際宇宙ステーション（ISS）への物資輸送などでも大きな役割を果たすことが期待されています。

　そのスペースX社が初めて開発したロケットが**ファルコン1**です。スペースX社がファルコン1を開発するにあたって周囲を驚かせたのは、1段目、2段目ともエンジンからすべて独自開発を行ったという点です。しかも、そのエン

ファルコン1基本性能	
全　　長	21.3m
打上時重量	38.6t
段　　数	2
燃焼方式	液体燃料
積載可能重量	低軌道：670kg
打上衛星	民生用衛星

（写真：SpaceX）

2008年9月、南太平洋のクェゼリン環礁で初めて打ち上げに成功した4号機

ジンは扱いが難しい液体燃料エンジンでした。1段目用を**マーリン・エンジン**、2段目用を**ケストレル・エンジン**といいます。一民間企業がここまで独自に開発したというのは、スペースX社が世界で初めてです。

2006年5月に打ち上げられた1号機から3号機までは残念ながら失敗してしまいましたが、2008年9月の4号機、続く2009年7月の5号機は当初の予定どおり、成功を収めました。

ファルコン9 (アメリカ・2010年)

ファルコン1でロケット開発に自信を深めたスペースX社が、次に取り組んだのが**ファルコン9**の開発です。ファルコン9の1段目は、ファルコン1で開発されたマーリン・エンジンに改良が加えられた**マーリン1Cエンジン**を9基クラスター化したもので、ファルコン1の直径が1.7mであったものが3.66mへと大きくなり、推力は10倍以上となりました。その後エンジンはさらに改良が加えられて、1D型が使われました。

ファルコン9は、有人宇宙船の打ち上げなど、これからのアメリカの宇宙開発に大きな役割を果たすことが確実視されているロケットです。打ち上げ費用の安さもあって、すでに衛星打ち上げ市場において大きな役割を果たしており、打ち上げ成功率は96%を誇っています。

スペースX社はNASAとの間で国際宇宙ステーション(ISS)への物資輸送について契約を結び、**ドラゴン**と呼ばれる輸送用宇宙

ファルコン9基本性能	
全　　　長	54.3m
打上時重量	333.4t
段　　　数	2
燃焼方式	液体燃料
積載可能重量	低軌道: 10.5t 静止トランスファ軌道: 4.5t
打上衛星	ドラゴン宇宙船など

(写真:SpaceX)

2013年3月、フロリダ州ケープカナベラル空軍基地から打ち上げられたファルコン9。ペイロードには荷物を満載したドラゴン宇宙船を積んでISSに向かう

船を開発しました。ドラゴンは2010年12月に地球を2周する初飛行に成功し、その耐熱性能を生かして地上へ帰還し回収されています。2012年5月にはファルコン9の3号機で初めてISSへの飛行を行い、ドッキングに成功するなど、期待された役割を着実に

（写真：NASA）
ISSから見たドラゴン宇宙船

果たしています。スペースX社はドラゴンをさらに発展させた**ドラゴン2**の開発に乗りだしています。これはISSに飛行士を送ることを目的としていますが、さらに月に人間を送るために使用することも計画しています。

スペースX社は、ロケットの再利用を1つの方針としています。ファルコン9には、地上へ垂直に着陸するための設計がされており、最近は実際に再利用されています。

ニューシェパード （アメリカ・2015年）

インターネット通販の覇者、アマゾンの創立者である**ジェフ・ベゾス**が、私財で立ち上げたのが**ブルーオリジン社**です。ブルーオリジン社はイーロン・マスクのスペースX社と同様に、独自にロケット開発を行い、宇宙開発に参加しようとしている企業です。そのブルーオリジン社が2015年から打ち上げているのが**ニューシェパード**ロケットです。その名称はアメリカ初の宇宙飛行士アラン・シェパードにちなんでいます。

ニューシェパードは数人を乗せたカプセルを無重力空間に送るためのロケットで、垂直に高度100kmまで打ち上げられ、その後、垂直に降下着陸し再利用されます。2015年11月の打ち上げでは、ロケットの着陸とカプセルの回収のどちらも成功しました。

第5章 民間のロケット

（写真：Blue Origin）

ニューシェパード基本性能	
全　　　長	—
打上時重量	54t
段　　　数	2
燃焼方式	液体燃料
積載可能重量	—
打上衛星	—

ロケット本体の上に、6人を乗せることができるカプセルを搭載している。ロケットは再利用するため、垂直に離着陸するように設計されている。ロケットから切り離されたカプセル内で、6人は数分間の無重力体験ができる

　ブルーオリジン社は近々、ニューシェパードで民間人に数分間の宇宙体験をさせる商業利用を開始する予定です。

 MOMO（日本・2017年）

　CAMUIを開発して宇宙を目指している植松電機のあとを追うように、小型ロケットの打ち上げを事業化しようとしているのが**インターステラテクノロジズ社**です。同社は2011年から、小型ロケットによる打ち上げ技術の習得に努め、植松電機の協力もあ

183

(写真:インターステラテクノロジズ)

MOMO1号機

MOMO基本性能	
全　　長	9.9m
打上時重量	1.1t
段　　数	1
燃焼方式	液体燃料
積載可能重量	20kg
打上衛星	―

って順調に成果を重ねてきました。

インターステラテクノロジズ社をかねてから支援していたのが、インターネット事業で財をなした投資家の堀江貴文氏です。その堀江氏のアイデアにより、打ち上げ費用をクラウドファンディングで募って打ち上げられたのが**MOMO**です。

1号機は2017年に打ち上げられましたが、打ち上げから66秒後に観測信号が途絶したため、緊急停止の信号を送り、飛行を中止しました。2018年6月には2号機が打ち上げられましたが、打ち上げから4秒後に爆発炎上し、またしても失敗してしまいました。この失敗によって、MOMOの打ち上げ計画は停滞を余儀なくされるかもしれません。

ファルコンヘビー (アメリカ・2018年)

スペースX社が開発した最重量級のロケットが**ファルコンヘビー**です。ファルコンヘビーは、1段目の左右にファルコン9をそのまま2基並べて、補助ロケットのように使おうというものです。

第5章 民間のロケット

(写真：SpaceX)

2018年2月、試験飛行に成功したファルコンヘビー。イーロン・マスクは成功確率を3分の2程度といっていたが、ほとんど計画どおりに行われ、大成功となった

(写真：SpaceX)

上：2018年2月の試験飛行では、2つの補助ロケットは回収に成功。ただ、本体ロケットの回収には失敗した
左：ペイロードとして搭載されたマスク氏の所有する電気自動車。宇宙服を着た人形が乗っている。後ろに地球が見えている

　ようするに、マーリン1Dエンジンを9基束ねたファルコン9を、3基並列して打ち上げるというものです。

　2018年2月に打ち上げに成功しました。当初の予定では、補助ロケットと本体ロケットの3つをすべて垂直離着陸させる予定でした。補助ロケットの着陸は見事に成功したものの、本体ロケットの回収には失敗しました。

ファルコンヘビー基本性能	
全　　　長	70m
打上時重量	1420t
段　　数	2
燃焼方式	液体燃料
積載可能重量	低軌道：64t 静止トランスファ軌道：27t
打上衛星	―

1段目のロケットを3基並列させるというファルコンヘビーの構成は、デルタⅣヘビーとまったく同じアイデアですが、低軌道への打ち上げ能力ははるかに強力で、デルタⅣやスペースシャトルの2倍以上の能力をもっています。これは史上最大のロケット、サターンⅤのおよそ半分の打ち上げ能力です。

　この打ち上げ能力により、ドラゴン宇宙船と組み合わせたファルコンヘビーは、有人宇宙船による月面探査や月面基地建設に利用されるだけでなく、火星への有人飛行をも実現する可能性を秘めています。しかもファルコン9と同じように、ファルコンヘビーもその打ち上げコストが、これまでの同クラスのロケットに比べるとはるかに安く、デルタⅣの半額以下で打ち上げられるようです。

ニューグレン（アメリカ・2020年予定）

　ブルーオリジン社がニューシェパードの次に開発しているのが、**ニューグレン**ロケットです。その名称は、アメリカ初の地球周回飛行をしたジョン・グレンにちなんでいます。ニューグレンもニューシェパードと同様に、1段目を垂直に着陸させて再利用する計画です。

　ブルーオリジン社はニューグレンのために、**BE-4**という強力な液体燃料ロケットエンジンを開発しました。1段目にはBE-4が7基搭載されるため、その直径は7mにもなります。2段式と3段式の計画がありますが、3段式

ニューグレン基本性能	
全　　　長	82〜95m
打上時重量	ー
段　　　数	2〜3
燃 焼 方 式	液体燃料
積載可能重量	低軌道：45t 静止トランスファ軌道：13t
打上衛星	

のサイズは、サターンⅤ（→p.154）と遜色のないものになります。

BE-4ロケットエンジンは、その性能が高く評価され、アトラスⅤ（→p.131）の後継機として、2020年の打ち上げを目指して開発中の**ヴァルカン**にも採用されることになっています。

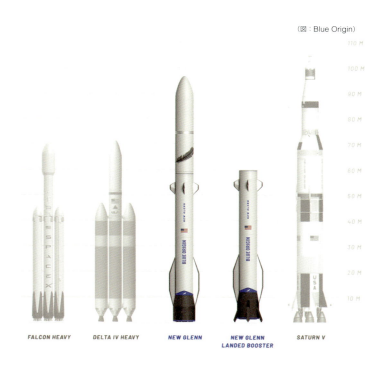

（図：Blue Origin）

ニューグレン（右から2基目と3基目）は非常に大きなロケットで、スペースⅩ社のファルコンヘビーをはるかにしのぐ。特に3段式のニューグレンの高さは、月へ人間を送ったサターンⅤに匹敵する

索　引

英数字

2次噴射法	21
A4ロケット	25、26
ATV	129、155
BE-4	187、188
F-1エンジン	156
GPS	109
HTV（こうのとり）	130、136～139
J-2エンジン	154、157
LARES	139
LE-5型エンジン	60
LE-7	60
NASA	64、72、96、112、119、150、156、164、166、180
Oリング	164
P80	140
R-12	76
R-14	76、77
RD-107、108	31
RD-171	101
RD-180	102、116、131
RL-10エンジン	115、153
S-IVロケット	153
SOHO	116
SSME	162～164
XLR-87エンジン	68

あ

アームストロング船長	157
秋山豊寛	86
アジェナ-Dロケット	78
アステリックス	36
アトランティス号	159、161
アポロ11号	156、158
アポロ12号	157
アポロ宇宙船	78、150、151、154、156
アポロ計画	71、91、92、107、153、154、156～158
アリアンスペース社	99
アレン（ポール）	178
アンサリ・X・プライズ	176
イタリア宇宙機関（ASI）	139
糸川（英夫）	40～45、47～51
インターステラテクノロジズ社	183、184
インド宇宙研究機関	100
ヴァージン・ギャラクティック社	176、178
ヴァルカン	188
ヴァルカンエンジン	127
ヴァン・アレン帯	50
ウーメラ	37、38
植松電機	172
内之浦宇宙空間観測所	48、54
宇宙開発事業団	55、58、60、127
宇宙科学研究所	52、54、127
宇宙航空研究開発機構（JAXA）	54、127

液体燃料ロケット	12～14、17、20、25、28、56、58、59、73、99、141、143、187
エクスプローラー1号	32
エクスプローラー7号	34
エンデバー号	160
欧州宇宙機関（ESA）	36
オーシャン・オデッセイ	102
おおすみ	50、96
オポチュニティ	111
オルドリン飛行士	157

か

加圧式	14、15
海南島	148
ガガーリン	28、64
かぐや	124
ガスジェット法	21
カッシーニ	107
カプースチン・ヤール宇宙基地	76
慣性航法	22
慣性誘導方式	22、71
ギアナ宇宙センター	35、99、128
軌道船（オービター）	161～163、166
キュリオシティ	131
空気翼法	21
クーパー（ゴードン）	67
首振りエンジン法	21
クラスターロケット	20、93
クレメンタイン	103
グレン（ジョン）	64、67、187
ケープ・カナベラル	27、65、66、80、113
ケストレル・エンジン	180
航空宇宙技術研究所	54、127
国際宇宙ステーション	31、85、96、136、144、162、166、179、180
国際地球観測年	45、46
コスモスM、3M	76、77
固体燃料補助ロケット（ブースター）	20、58、60、79、107、112、116、119、125、133、134、140、164
固体燃料ロケット	12～14、17、21、53～55、82、140、141、172
コモン・コア・ブースター	131、134
コロリョフ（セルゲイ）	29
コロンビア号	166、168

さ

ザーリャモジュール	83、85
サリュート1号	84
シーローンチ社	102、103
シェパード（アラン）	67、182
ジェミニ1・11・12号	69～71
ジェミニ宇宙船	71
ジェミニ計画	69、71
シグナス補給船	144
シュミット飛行士	157

189

嫦娥1・4号	96、97	ハイブリッドロケット	172
人工衛星のおもな軌道	62	ハッブル宇宙望遠鏡	162、167
神舟5号	95	はやぶさ	38、42、53、55
すいせい	51、53	ひので	53、55
スケールド・コンポジッツ社	176〜178	フェニックス	111
ストラップダウン方式	22	フォン・ブラウン	25、26、29、32、33、150、153、154、156
スプートニク1号	28、31、32、35	副エンジン法	21
スペースX社	179、180、182、184	仏領ギアナ	35、38、97
スペースシャトル	20、31、72、85、90、96、106、107、109、112、127、130、134、139、150、158〜168、179、187	プラットフォーム方式	22
		ブラン	105、106
生産技術研究所	41〜43、48、50	フランス国立宇宙研究センター（CNES）	36
静止トランスファ軌道	62、74、101、119、121、124、129、139、145、146	ブランソン（リチャード）	176〜178
		ブリーズ-K	117、118
西昌宇宙センター	96、97	ブルーオリジン社	182、183、187
銭学森	96、97	プレセツク宇宙基地	76、77、118、146
セントールロケット	80、115、116、131、153	プログラム誘導方式	22
ソア・デルタ	72、153	プロスペロ	38
ソユーズFG	87、88、91	プロトン衛星	82
ソユーズU	86、91	文昌宇宙センター	148
ソユーズ宇宙船	86、90、91	噴流翼法	21
ソユーズロケット	86、89、90、93	ペイロード	18、124、170、173、181、186
		ベゾス（ジェフ）	182
た		ボイジャー1・2号	80
だいち	124	ボストーク1・6号	28、64
多段式ロケット	19	ボストーク計画	90
たんせい	51、52	ボストチヌイ宇宙基地	146
チャレンジャー号	103、164、166	ボスホート	29、31、91
チャンドラヤーン1号	119	北海道宇宙科学技術創成センター	172
チューリップ発射方式	92	堀江貴文	184
月着陸船	154、177	ホワイトナイト（ツー）	176、177
ディープ・インパクト	111	ポンプ式	14〜16
ディスカバリー号	160		
デルタロケット	72、73、109、135	**ま**	
テレスコワ	28	マーキュリー計画	64、67、69、71、112
電波誘導方式	22	マーズ・オデッセイ	111
ドイツ宇宙旅行会	24	マーズ・グローバル・サーベイヤー	111
東京大学宇宙航空研究所	50、52	マーリン・エンジン	180
東風	96	マスク（イーロン）	178、179、182、185、186
東方紅1号	95、96	ミサイル開発管理機関	35
ドーン	110	道川海岸	41、43、44、47、48
ドラゴン（宇宙船）	180〜182、187	無線誘導方式	71
ドラゴン2	182	メッセンジャー	111
トランステージロケット	78、79、80	毛利衛	167
		モバイル管制	143
な		モハベ砂漠	176
永田晴紀研究室	172	モルニヤ衛星	74、75
ナチス・ドイツ	24、26、29	モルニヤ軌道	74
ニュー・ホライズンズ	131		
		や	
は		ユージュノエ設計局	101
パイオニア4号	33、35	ユーロコット社	117、118
バイカル・ブースター	146		
バイキング1・2号	80、81	**ら**	
バイコヌール宇宙基地	76、77、85、87、89、106、144	ルータン（バート）	177

《 参 考 文 献 》

『宇宙を開く 産業を拓く』	JAXA編著（日経BPコンサルティング、2010年）
『トコトンやさしい宇宙ロケットの本』	的川泰宣著（日刊工業新聞社、2002年）
『誰にもわかる! 宇宙科学の愉快な世界』	的川泰宣著（成美文庫、1999年）
『こんなにすごかった! 宇宙ロケットのしくみ』	的川泰宣監修（PHP文庫、2011年）
『図解宇宙船』	称名寺健荘・森瀬繚著（新紀元社、2007年）
『特集・世界のロケット最前線』	宇宙と天文編集部編（誠文堂新光社、1999年）
『日本の宇宙科学―1952→2001』	大林辰蔵監修（東京書籍、1986年）
『宇宙開発と設計技術』	「応用機械工学」編集部編（大河出版、1982年）
『増補 スペースシャトルの落日』	松浦晋也著（ちくま文庫、2010年）
『宇宙開発の50年』	武部俊一著（朝日新聞社、2007年）
『ロケット技術「失敗の条件」』	五代富文・中野不二男著（ベスト新書、2001年）
『人工衛星』	A.シュテルンフェルト著（岩波新書、1958年）
『宇宙空間への道』	畑中武夫著（岩波新書、1964年）
『宇宙の探求』	湯浅光朝著（NHKブックス、1965年）

《 参 考 Ｗ ｅ ｂ サ イ ト 》

宇宙情報センター	http://spaceinfo.jaxa.jp/
日本の宇宙開発の歴史	http://www.isas.jaxa.jp/j/japan_s_history/
NASA	http://www.nasa.gov/
ESA	http://www.esa.int/
GRIN	http://grin.hq.nasa.gov/
Marshall Space Flight Center	https://www.nasa.gov/centers/marshall/home/
Kennedy Space Center	https://www.nasa.gov/centers/kennedy/home/
Johnson Space Center	https://www.nasa.gov/centers/johnson/home/
NASAロケット教室活動	http://www.bekkoame.ne.jp/~yoichqge/roc/2000_3_4/Edu/NASA_BOOK/
宇宙技術開発（株）	http://www.sed.co.jp/
北海道宇宙科学技術創成センター	http://www.hastic.jp/
宇宙科学研究所	http://www.isas.jaxa.jp/
インドと日本の宇宙開発事情	http://www.nikkeibp.co.jp/style/biz/feature/matsuura/space/070522_india1/index4.html

＊ほかに多くのサイトを参考にしています。各サイトは移転・変更となる可能性があります。

サイエンス・アイ新書
SIS-427

https://sciencei.sbcr.jp/

ロケットの科学 改訂版
創成期の仕組みから最新の民間技術まで、
宇宙と人類の60年史

2019年2月25日　改訂版第1刷発行

著　者	谷合 稔（たにあい みのる）
発行者	小川 淳
発行所	SBクリエイティブ株式会社 〒106-0032　東京都港区六本木2-4-5 電話：03-5549-1201（営業部）
装丁・組版	DADGAD design
印刷・製本	株式会社シナノ パブリッシング プレス

乱丁・落丁本が万が一ございましたら、小社営業部まで着払いにてご送付下さい。送料小社負担にてお取り替えいたします。本書の内容の一部あるいは全部を無断で複写（コピー）することは、かたくお断りいたします。本書の内容に関するご質問等は、小社科学書籍編集部まで必ず書面にてご連絡いただきますようお願いいたします。

©谷合 稔　2019 Printed in Japan　ISBN 978-4-8156-0135-5

SB Creative